匠艺整洁之道
程序员的职业修养

Clean Craftsmanship
Disciplines, Standards, and Ethics

[美] Robert C. Martin 著

韩磊 译

电子工业出版社
Publishing House of Electronics Industry
北京·BEIJING

内 容 简 介

鲍勃大叔因在技术人群中声名远播的 Clean 系列在全球圈粉无数。本书为其烫手新作，旨在为广大工程师指明一条通向匠师之路，包括饱经洗砺的敏捷技术实践，如何通过持续的努力提高专业素养，软件可用之上的目标与技能，以及如何激发团队最大潜能，等等。本书融会几本经典著作的精髓，将"整洁"方法论推向至高境界——软件开发者有责任维护世界正常运行，而"人"才是"技术"的决定者。

本书共分三部分，前两部分用实例阐释 TDD 在敏捷软件中的运用，以及验收测试、协同编程等常被忽视的敏捷侧面与具体策略，还探讨了颇有价值的软件设计方案相关话题；第Ⅲ部分拔地而起，直接提出十条堪称金玉良言的"规劝"，以帮助程序员成为团队基石。

本书适合所有软件开发者、测试工程师及工程类院校师生，对技术团队负责人及架构师同样大有助益。

Authorized translation from the English language edition, entitled Clean Craftsmanship: Disciplines, Standards, and Ethics, 1E, 9780136915713 by Robert C. Martin, published by Pearson Education, Inc, publishing as Addison-Wesley Professional, Copyright © 2022 by Pearson Education, Inc.

All rights reserved. No part of this book may be reproduced or transmitted in any form or by any means, electronic or mechanical, including photocopying, recording or by any information storage retrieval system, without permission from Pearson Education, Inc.

Chinese Simplified edition published by PUBLISHING HOUSE OF ELECTRONICS INDUSTRY CO., LTD., Copyright © 2022.

本书中文简体版由 Pearson Education（培生教育出版集团）授权电子工业出版社有限公司，未经出版者书面许可，不得以任何形式复制或抄袭本书的任何部分。本书封面贴有 Pearson Education（培生教育出版集团）激光防伪标签，无标签者不得销售。

版权贸易合同登记号　图字：01-2022-0925

图书在版编目（CIP）数据

匠艺整洁之道：程序员的职业修养 /（美）罗伯特·C. 马丁（Robert C. Martin）著；韩磊译. —北京：电子工业出版社，2022.5
书名原文：Clean Craftsmanship: Disciplines, Standards, and Ethics
ISBN 978-7-121-43224-8

Ⅰ. ①匠… Ⅱ. ①罗… ②韩… Ⅲ. ①软件开发 Ⅳ. ①TP311.52

中国版本图书馆 CIP 数据核字（2022）第 052079 号

责任编辑：张春雨
印　　刷：三河市良远印务有限公司
装　　订：三河市良远印务有限公司
出版发行：电子工业出版社
　　　　　北京市海淀区万寿路 173 信箱　　邮编：100036
开　　本：787×980　1/16　　印张：23.5　　字数：442.2 千字
版　　次：2022 年 5 月第 1 版
印　　次：2022 年 6 月第 2 次印刷
定　　价：128.00 元

凡所购买电子工业出版社图书有缺损问题，请向购买书店调换。若书店售缺，请与本社发行部联系，联系及邮购电话：(010) 88254888，88258888。
质量投诉请发邮件至 zlts@phei.com.cn，盗版侵权举报请发邮件至 dbqq@phei.com.cn。
本书咨询联系方式：(010) 51260888-819，faq@phei.com.cn。

推 荐 语

在 IT 技术发展日新月异的当下，很多开发者自嘲为"码农"，流水线化的工作难以产出高质量、长生命周期和高社会价值的作品。数字化是未来 10 年发展的主流趋势，现代世界都会运行于软件之上，软件一旦出错所付出的代价不可估量，这对开发者和软件质量的要求非常高。开发者与其追逐技术热点，不如修炼内功、提升技艺水平。而决定技艺水平下限的正是纪律、标准、原则和职业操守这些软实力。鲍勃大叔的新书《匠艺整洁之道》是这样一本好书，帮助开发者提高能力基线和专业精神，产出健壮、高容错和高效率的软件，更好地服务社会，为社会创造更多价值。

——丁宇　阿里云云原生应用平台总经理

很有幸读过鲍勃大叔 Clean 系列的两本书。每当想起过去自己写的代码充斥着混杂的逻辑、不那么优雅的设计，都感觉羞愧，即便它可以正常地工作。当应届生、实习生加入我的团队时，甚至在公司技术总结会上的赠书环节中，我都会推荐《代码整洁之道》和《架构整洁之道》。我们日常对着需求文档来完成项目，也许并不困难，但真正难的是软件设计、代码细节，以及写出充满工程理念、可靠、健壮的应用。工作 10 余年的我，现在仍然会对软件工程感兴趣，我坚信它是提升整体工业水平的基础。让我们再次畅快感受这本书吧！

——毛剑　Bilibili 基础架构负责人

推荐语

写代码是件容易的事情，但是写出好代码却是件非常难的事情，它需要编写者具备大量的实践经验，以及得到良好的指导。鲍勃大叔把自己几十年的经验"抽象"为程序员要学会的编程纪律、标准和职业操守，指导程序员成为真正的"匠人"——写出优秀的代码、创建出色的系统，更重要的是，为自己的工作感到骄傲和自豪！

——刘欣　IBM前架构师、公众号"码农翻身"作者

鲍勃大叔早已是技术人向往的楷模，他为IT数字化人才持续提升指明了道路，译者同样是技术领域资深专家。这本书深入浅出剖析测试驱动开发（TDD）、敏捷技术应用实践、协同编程、架构至简设计等技术整洁方法论，让读者能真正掌握架构整洁设计的哲学本质，从而在面向不同业务场景时，都能够给出优雅的架构整洁解决方案，使得企业真正降本增效。本书是架构整洁设计实践类好书，特推荐之。

——孙玄　奈学科技创始人兼CEO、58集团前技术委员会主席

你看过《代码整洁之道》吗？它的作者是鲍勃大叔，这本《匠艺整洁之道》是他的封山之作，我看完之后被深深地吸引。特别力荐给那些追求代码优美、高质量和高效率的程序员朋友们。

——程军　饿了么前技术总监、公众号"军哥手记"主理人

从《代码整洁之道》到《匠艺整洁之道》，从Coding到TDD，鲍勃大叔一直身体力行地用最简洁的文字、最通俗的例子，把他在代码编写、敏捷开发方面的经验倾囊相授。提起敏捷开发，一部分开发者推崇备至，一部分谈虎色变，这其中的原因也简单。因为后者没有掌握敏捷开发的内核，导致敏捷开发变成了形式主义，那么鲍勃大叔的新作给了我们一个重新学习和驾驭敏捷开发的机会！

——马伟青　公众号"沉默王二"作者

提到深入技术，很多人的第一反应是除了框架原理，多半就是数据结构等科班计算机知识了。但奇怪的是不少人即便精于此道，却仍然会在日常编码中陷入焦头烂额的泥潭。这说明除了理论知识与编码工具，还有许多在工程项目中值得遵循的普适性工作方法论。如果你也有为自己团队建立舒适而高效工作流的愿景，那么本书不容错过。

——王译锋　稿定科技前端工程师、《JavaScript 二十年》译者

作为一个开发者，最早认识鲍勃大叔是源自他的《代码整洁之道》一书，这本书解决了如何写出整洁代码这一问题。时隔几年，《匠艺整洁之道》教会写代码的程序员们如何整体思考技术，鲍勃大叔像一位谆谆教诲的老师，告诉我们如何思考代码之外的东西，相信你一定能从本书中受益匪浅。

——张远龙　《C++服务器开发精髓》作者、公众号"高性能服务器开发"作者

推荐序一

最近几周一直在看《匠艺整洁之道》的样稿,这是最近半年来我看得最认真的有关软件工程方面的一本书,也是收获最大的一本书。

初识作者鲍勃大叔源于他的《代码整洁之道》(*Clean Code*),书里不厌其烦地描述如何能够写出高可读性代码的各种注意事项。写这样的书,我没有这样的水平,也没有这样的耐心,于是在《代码的艺术》一书和课件中,我会推荐学员和读者去看。对于一个想要写出好代码的软件工程师来说,是要好好了解这些细节的。

仅凭《代码整洁之道》,我对鲍勃大叔还没有那么崇拜。我一直认为,"写好代码"对于一个优秀的软件工程师还只是最基本的要求,而"写好文档""做好项目管理""不断提高自我""拥有正确的人生目标和价值观",这些才是更重要的。

很有幸,之后我又看到了鲍勃大叔的其他作品,包括《架构整洁之道》(*Clean Architecture*)、《代码整洁之道:程序员的职业素养》(*The Clean Coder*)。这些书让我改变了对鲍勃大叔的"错误"印象。尤其在本次阅读《匠艺整洁之道》的过程中,鲍勃大叔让我肃然起敬,书中诸多观点也让我感受到了强烈的共鸣。

在《代码的艺术》一书中,我提到"代码是人类智慧的结晶""伟大的系统和产品一定来自优秀的人和团队"。关于优秀软件工程师的修炼之道,我总结为"学习—思考—实践""知识—

方法—精神""基础乃治学之根本"。而在《匠艺整洁之道》中,鲍勃大叔提出"软件开发人员的职业操守",总结为"我不写有害的代码""我生产的代码将永远是我最好的作品""我永远不会停止学习和改进我的技艺"等10条誓言。这些誓言真的是振聋发聩,值得所有的软件工程师好好学习和思考。在目前这个整体浮躁和迷茫的行业环境中,这些职业操守可以帮人成长,让人沉静,进而做出伟大的产品和系统!

书中关于"极限编程"的总结和描述也是高屋建瓴。关于TDD、重构、简单设计、协同编程这四点所构成的"生命之环"的描述,让人茅塞顿开。大量的软件工程师对"敏捷"有各种错误的认识。而在关于"纪律"的描述中,鲍勃大叔告诉我们,TDD是关键纪律,TDD和重构不可分割,简单设计依赖于重构,协同编程是软件团队共同工作的纪律和艺术。这些总结和论述真是太精辟了!

最后要提醒读者的是,阅读本书确实需要很好的耐心和很强的"向善之心"。大量读者喜欢"××语言从入门到精通"这种快餐类型的书,这样的书虽然可以"吃"得很快,但是"营养"有限。本书显然不是这种快餐类型的图书,书中的不少内容都是基于鲍勃大叔多年经验的总结,要理解、领会这样的内容,是需要阅历、思考和时间的。好的食物需要细细品味,好书也是如此。

感谢鲍勃大叔,也感谢本书的译者韩磊,感谢你们给中国的软件工程师带来这么好的一本书!

——章淼 BFE开源项目发起人、《代码的艺术》作者

推荐序二

很多公司的业务，是由产品或者运营来驱动的。对于一个非技术驱动的公司而言，技术团队的核心工作与核心职责都聚焦在产品与系统的交付上。如何提升产品与系统的交付效率与交付质量，是每一个技术人、每一个技术管理者日思夜想的问题。

我管理技术团队很多年，在带领技术团队作战的过程中，曾经有过这样的困惑与疑虑：

- 是什么决定了技术团队交付效率与交付质量的底线？
- 如何有效地为交付设定效率标准与质量标准，并持续迭代与改进？
- 作为一个技术人，其核心职业操守与道德准则是什么？

鲍勃大叔的 Clean Craftsmanship 从纪律、标准和职业操守三个方面给了我部分答案，很后悔没有能够早一点读到它。近期，其中文版《匠艺整洁之道》如期而至，作为一个技术人，又或者是一个技术管理者，如果你也遇到过和我类似的困惑与疑虑，建议你读读这本书。

一、关于纪律

不同的公司，研发效率与质量各异，究竟是什么决定了技术团队交付效率与交付质量的底线呢？

举一个很小的例子，有一次我们发布了一个系统，发现用户在访问时大约有 1/8 的概率出现了异常，这令我们百思不得其解。跟踪下来我们发现，这是因为在进行系统发布的时候，集群中的 7 个节点二进制发布成功，而 1 个节点二进制发布失败所导致的。

事后我们复盘，如何避免此类情况的发生呢？答案是"清单革命"。在发布流程里增加一项纪律，必须校验集群所有发布二进制的 MD5。从今以后，不管是刚入职的应届生，还是资深的工程师，都不会再犯类似的错误，这就是纪律的威力。

系统发布有纪律、高效率和高质量的系统交付同样存在着有迹可循的纪律准则：测试驱动、系统设计、系统重构、结对编程和验收测试等。正是纪律，决定了技术团队交付效率与交付质量的底线。

二、关于标准

作为技术团队的负责人，如何有效地为交付设定效率标准与质量标准，并持续迭代与改进呢？

研发质量，要有标准：冒烟测试通过率是多少？千行缺陷率是多少？平均需求缺陷数是多少？……

测试质量，要有标准：测试环境自动化搭建程度是多少？用例复用率是多少？全量用例回归时间是多少？……

研发效率，要有标准：项目并行度是多少？故障定位与修复时间是多长？APP 版本迭代周期是多长？……

关于标准，鲍勃大叔和我们谈了技术生产力，谈了持续改进，谈了自动化测试，谈了极致质量……

俗话说，没有度量标准，就没有办法评估；没有办法评估，就没有办法改进。正是"度量标准"，在指导着研发的效率与质量不断进步。

三、关于职业操守

不少技术人是有傲气的，包括我自己。我们改变着世界，用代码编写着规则，掌控着互联网运行的规律，那么什么是我们必须遵守的职业操守与道德准则呢？

每当我们写下一行代码，实现一个函数，提供一个接口时，这些意味着什么呢？我们有责任全力保证代码的正确性，有责任让所有继承它的人了解所写函数的作用，有责任保证接口好用、易用、难于误用。因为稍有失误，可能就意味着一次登录的失败、一笔资金的丢失、一次刹车的失效，甚至是以一条生命作为代价。

关于职业操守，鲍勃大叔和我们谈了正确性证明，谈了结构化编程，谈了TDD，谈了突变测试，谈了团队协作，等等。注释，文档，思考，交流，承诺，协作，自动控制，每一行代码里，无一不体现着我们技术人的职业操守。

最后，再次向每一个工程师、每一个技术管理者郑重推荐《匠艺整洁之道》，希望你能有收获，也和每一个致力于提升研发效率与质量的技术人，一起共勉！

——沈剑　公众号"架构师之路"作者

推荐序三

小处见大、以微知著

《匠艺整洁之道》已经是敏捷宣言签署者 Robert C. Martin（鲍勃大叔）Clean 系列的第五本书。程序员的"匠艺"（Craftsmanship）始终是鲍勃大叔的核心命题，本次从实践、纪律到职业操守，无不在谈这件事情。追求匠艺，就像书中实践部分的 TDD 一样，是一件知易行难之事。

与很多软件开发的理念和方法一样，对于 Clean 系列的评价并非众口同声，《敏捷整洁之道》（Clean Agile）前两年就在业内出现了一些批评的声音。有人指出鲍勃大叔过于聚焦局部细节，而忽略了现代软件开发的规模化问题。数字化时代毫无疑问是在持续增加软件系统的复杂度，甚至正在通过软件构建一个元宇宙，而应对这样的复杂度是每家企业、每个组织不得不面对的挑战。

从二十多年前的敏捷宣言开始，我们已经意识到在软件开发方法上是没有一枚银弹的，不同的程序员具有不同的倾向性，也是这个行业的常态。鲍勃大叔最值得我们学习的，并非是他系列著作中的具体方法，而是他持续思考如何将如此复杂的软件开发过程标准化，以提高软件质量的思维方式。这种思考的元模型一旦融会贯通，很多复杂问题都能够"递归"而解。所以 Clean 系列具有小处见大的特点，读书的关键在于理解鲍勃大叔从个体到集体的匠艺思考。

在硅谷曾有幸听过鲍勃大叔的一场演讲，他在现场激情四射，将几十年的实战所得娓娓道来。这样的感受也可以从本书的字里行间感受到。鲍勃大叔在这个年纪，仍然在持续学习和改进，从最开始的《代码整洁之道》（*Clean Code*）关注"好代码"，到现在《匠艺整洁之道》关注"好匠艺"，应该说是十年磨一剑的升华。从细微的程序员个人实践开始，以微知著，建立面向高质量、可持续发展的团队纪律和组织能力。

弘扬科学精神和工匠精神，已经是我们面向数字化时代的国策基石，鲍勃大叔给我们带来了软件开发领域几十年的匠艺追求，这份净心，对于尚处于青春期的技术行业，是每一位从业者必要的修炼。只有不停磨炼匠艺，纠正"35岁转管理"这样的行业浮躁心态，从而走向真正的工匠精神之路。

——肖然　Thoughtworks全球数字化转型专家、
中国敏捷教练企业联盟秘书长

推荐序四
改变认知的一本书

软件工程师是我们这个时代最接近工匠的一个职业，在我眼中甚至有点儿接近文学和音乐。虽然这个名称里面带着"工程"两个字，但是对比其他的行业或者传统意义上的工程，软件工程的工业化程度还处于比较低的状态，这就意味着对人的要求会更高。我相信很多朋友都听说过一句话："代码是写给人看的，不是写给机器看的，只是顺便计算机可以执行而已。"但是又有多少工程师有这样的认知呢？

我认为，一个好的工程师的标准正是对待代码的态度，是不是有比能把"代码运行起来"这件事情更高的要求。回想我自己，我觉得我个人的转变是从看鲍勃大叔的《代码整洁之道》开始的。在那之前，作为软件工程师，我关注的重点在于技巧和很多具体的技术细节上。而对于鲍勃大叔的书，大家可能会发现他很少讲技巧，而是告诉大家在代码之外的更多东西，比如如何对待测试，如何对待软件工程，如何用一颗工匠般的心看待自己写出的代码，我认为这样的认知转变是一个优秀软件工程师成长的必经之路。

这本新书也一如既往地精彩，它通俗易懂又发人深省，如果你是一位对于写出好的程序有更高要求的程序员：不仅仅当成一个朝九晚五的工作，而是一门手艺，甚至一门艺术，你会喜欢这本书的。

——黄东旭　PingCAP 联合创始人兼 CTO

推荐序五

非常荣幸为鲍勃大叔的封山之作中文版写序,我从事软件架构设计及开发十余年,在个人成长以及带技术团队过程中,我都极力推荐鲍勃大叔的 Clean 理念,同时我也是鲍勃大叔 Clean 理念的受益人,感谢这位世界级的编程大师。

老朋友侠少这次极力邀请我为中文版写序,大抵是因为最近两年我的创业目标和鲍勃大叔殊途同归,我们都致力于提升 IT 工程师的软件开发水平,鲍勃大叔采用的是不断写书的方式,而我成立了一家奈学科技公司,通过案例剖析和场景实战的创始模式不断提升 IT 工程师的技术能力,从而为数字经济添砖加瓦,期望能像鲍勃大叔一样影响全世界!

鲍勃大叔 Clean 系列的每一本书我都详细拜读过,这次新书的电子版刚出来后,我也是以最快的速度拜读了这部封山之作。书中的插画一如既往地精彩,这本书更是之前 Clean 系列的集大成者。之前的系列更多关注于"技术"本身,这本书更多关注在使用技术的"人"身上。之前的每本书中鲍勃大叔都有很多精彩的思路和经验分享,而这本书中鲍勃大叔把之前的很多思路和经验抽象为方法论呈现给读者,让读者有章可循。

本书一共分为三个部分,即纪律、标准和操守。在第一部分中,作者用实例阐释 TDD 在敏捷软件中的运用,以及验收测试、协同编程等常被忽视的敏捷侧面与具体策略,同时这部分深刻地阐述了纪律的重要性;如果你是技术团队的管理者,或者是即将成为技术团队的管理者,我极力推荐你反复研读第二部分和第三部分,这两部分言简意赅地阐述了标准和操守对于"人"做软件开发的重要性。

我们这一代工程师是幸福的,因为有鲍勃大叔这样的大师一直引领着我们,如果你现在正在匠师之路上,那就赶紧打开《匠艺整洁之道》吧!

——孙玄　奈学科技创始人兼 CEO、
58 集团前技术委员会主席

推荐序六

这大概是我迄今为止完成最快的一篇序，并不是因为敷衍，而是对这本新书的迫不及待。

2022年3月25日，收到博文视点张春雨老师的邀请，让我给鲍勃大叔的Clean系列新书作序。作为Clean系列的忠实读者，之前的《代码整洁之道》和《架构整洁之道》都曾给予我莫大的帮助与启发。如果当下你在软件开发的过程中有所困惑，遇到些许瓶颈，那么鲍勃大叔的Clean系列非常推荐你读一读，而且建议反复品读。

记得第一次接触Clean系列，是在我读研期间。说实话，第一次读并没有觉得这是一本多好的书。但在工作一段时间之后，由于具备了一定的实践经验，再回过头来品读一番，才顿悟书中内容之妙，这大概就是成长的必经之路吧。当我们没有经历过挫折的时候，对于前辈的指点，总是很难感同身受，甚至觉得根本不对。但当我们真正遇到相同问题的时候，才发现前人的经验确实妙不可言。

我强烈推荐大家拥有一套Clean系列，因为这个系列不仅介绍了关于软件开发过程中的各种优秀实践案例，让我们知道整洁代码、整洁架构给我们带来的好处，以及如何保持整洁的秘诀；而且对于优秀程序员应该具备何种职业素养，并指导我们做出最佳软件的底层思维模式，更有着极佳的指导意义。也许随着社会与技术的发展，有些案例慢慢不再适用，但职业素养和思维模式会伴随我们一生，这些底层逻辑将一直指导我们未来的每一处设计与实践。

介绍了那么多过去的内容，再来谈谈这本新书《匠艺整洁之道》。在刚看到书名的时候，一时半会儿还真猜不出这本书会讲什么，所以在拿到样章那一刻，我就直奔书中主题，一探究竟！这本书的第一章名为"匠艺"，作者认为要做好某件事的本质是需要良好的指导与大量的经验。但是，在如今的软件行业中，有很多程序员并不会做太久，所以他们缺少足够的实践体验和经验沉淀。同时，每隔 5 年程序员的数量就会翻一番，所以优秀程序员的比例会持续走低。当优秀程序员越来越少，保障软件产品的质量就会越来越难。所以，作者在接下来的章节中分别阐述了决定技艺水平的三个要素：纪律、标准和职业操守，以帮助开发者与管理者改变与提高团队的工作方式，最大限度地生产出高质量的软件产品。从这三部分的内容划分来看，这本书不仅仅适用于一线的开发者，对于管理者也是非常有帮助的。如果你对于目前的开发任务或团队的工作方式不太满意，或许可以通过这本书获取一些新的启发。

听说这本书将是鲍勃大叔的封山之作，所以期待这本书的上市，我一定会将这本书收入囊中，集齐 Clean 系列。虽然无法召唤神龙，但如之前的 Clean 系列图书一样，当我遇到困惑的时候，也会再翻出来寻找一些前人的启发。如果你跟我一样，打算在软件行业奋斗一生，那么这样的书，推荐你也拥有一本。

——翟永超　公众号"程序员DD"主理人、
《Spring Cloud 微服务实战》作者

推荐序七

2022 年 3 月，我从工作了几年的公司离职，准备休息一段时间，老朋友张春雨（侠少）听闻我离职后在微信上跟我说，Robert C. Martin 写了本新书，你有兴趣写篇序吗。侠少这几年一直邀我写书，可之前公司发展迅速，我也一直没有时间，恰好最近节奏也算慢了下来，于是就接下了这份活儿。

我知道 Robert C. Martin 还得从刚毕业去金山工作时说起，当时快盘的工作非常繁重，而我又是一个刚入行的新人，对代码和项目中很多细节都不是特别了解。记忆最深的是，当时的 mentor 花了一晚上重构了我的代码，跟我说好的工程师应该经常重构保持代码整洁，于是他推荐了几本书给我，其中就有《代码整洁之道》。

我花了一周时间读完这本书，不能说像打开了任督二脉从此走向人生巅峰，但至少明白了工程界有工程界的标准和要求，"整洁"二字说起来简单，但做起来却没那么简单。从个人的素养、软件架构、方法等到代码组织方式等，有太多可以学习和推敲的地方。随着项目本身的发展，这些"软"性的东西将决定着整个项目的能力上限。我也明白了为什么当时的 mentor 要经常性地重构代码，维护整个项目的"整洁"。

随着年龄的增长，我也从一线工程师开始带起了自己的团队，从几人到几十人，从创业公司到地区级独角兽，从《代码整洁之道》中学到的技巧和思路依然影响着我。从团队组建伊始我就不断强调好的代码就应该如同读一篇文章一样，也会组织定期 review 和重构等。老实说，这些方法确实在很大程度上帮助了我们团队运作这些项目，避免了大多数大型项目最终失控的命运。

收到侠少给我的样稿后我花了点儿时间通读了一番，我觉得本书是《代码整洁之道》的升华版本，从如何做事到如何做人，这也应对了英文版 Craftsmanship 这个单词——工匠精神。这本书里更多的是把技术和人文结合起来，少了些技术上的技巧，多了很多工程上的方法论，并不单单只是某种技术。它像一本类似于 24 条军规一样的书，重申现代世界实际构建者——也就是我们，我们这些工程师应该遵守的职业纪律，它帮助我们面对这份职业的责任，同时帮助我们提高作为工程师或者管理者的上限。

读读此书吧，软件工程已经不仅仅是编码就足够了，而它将会帮到你。

——彭哲夫（CMGS） Garena 高级软件工程师

译 者 序

2021 年 2 月，老朋友张春雨（侠少）在微博上给我发私信，问我有没有兴趣翻译 Robert C. Martin（鲍勃大叔）的新书。我和侠少平时联系不多，但常常收到他安排寄来的赠书。赠书收得多了，总觉得欠着人情，想着该用什么方式还一还才好。

这个"什么方式"，也许是几顿酒饭、几杯咖啡，但绝对不是翻译一本书。算起来，截至 2020 年，我已经有十年没做图书翻译工作了。去年翻译了一本小书，眼睛和腰椎、颈椎都有点儿不舒服。一定赔本但不一定赚吆喝的事，还是不干为好。

侠少对我了解甚深，他只说了一句话，就成功说服我接下任务。他说："这是（鲍勃）大叔的封山作。第一本和最后一本，有始有终，一段佳话！"这一下子就勾起我翻译《代码整洁之道》（*Clean Code*）的回忆。当时我在北京工作，个人能力提升和职业发展都遇到瓶颈，同时还需要考虑家庭常驻地问题。《代码整洁之道》不但带给我关于整洁代码的知识，还令我悟到许多做人做事的道理。对我来说，那是一本优秀技术书，更是一本关于价值观的好书。

《代码整洁之道》中文版面世十一年以来，数次修订和重印，成为很多程序员朋友接受并推崇的读本。其间，鲍勃大叔的其他数本著作也陆续出了中文版。这些著作从程序员素养、架构设计、敏捷方法等方面入手，全面阐述"整洁"概念在软件开发过程中的重要意义与实践手段，建立了一套相对自足的理论和方法体系，大概能算是 Clean 系列的"武功秘籍"了吧。

译者序

鲍勃大叔提出，既然现代世界运行于软件之上，软件开发者就要承担起维护世界正常运行的重大责任。这意味着软件开发者必须掌握足够多的技能，遵守足够严格的纪律，追求足够高的职业操守标准，方能达到社会对他们的期望。他提炼了前面多本著作的精髓，加以深究、凝练和升华，推出这本集大成的 Clean 系列封山之作。

回顾 Clean 系列图书的主题，可以很清楚地看到从"关注技术"到"关注人"的发展脉络。就像是老拳师写拳谱，第一本都是讲招式。过了一阵子，老拳师发现徒弟们招式练得挺熟，但内功没跟上，"练拳不练功，到老一场空"，于是赶紧再写一本讲内功的。又过了一阵子，老拳师发现徒弟们一上擂台就不懂如何审时度势选择攻击方案，又赶紧写一本讲架构的。如此这般匆匆十年，老拳师突然发现，拳谱传来传去，很多人练得似是而非，拳打歪了，心术也不见得很正。

如果你是这位老拳师，面对如此现状，会是什么心情？我想，大概也会像鲍勃大叔一般，既悲观又不甘吧。就我这两年参与审校或审阅的几本敏捷图书来看，恐怕既悲观又不甘的不只是鲍勃大叔一个人。敏捷软件开发成为主流之后，同时也成了有些人借以牟利和乱来的最佳"幌子"。当所有人都在谈敏捷，而吹捧与批评都没谈到点子上时，正本清源就成了当务之急。所以，最近两年面世的敏捷书，不约而同集中在一个主题：正本清源。

敏捷既是手段，也是目的。正如鲍勃大叔在本书中一再强调的：软件最根本的特点就是"柔软"。好软件不但具备能够与时俱进修改和扩展的灵活性，而且更具备以较低成本修改和扩展的可能性。软件本身如果敏捷，那么实现和修改软件的方式必须也必然够敏捷。

本书第Ⅰ部分和第Ⅱ部分结合多个代码示例，展示了如何利用 TDD 敏捷地写出敏捷的软件，同时阐述了验收测试、协同编程等其他敏捷手段的重要性与一般实施手段。不可避免地，作者还花费相当多篇幅讨论软件设计方案问题。我很愿意重点阅读这部分。此外，一些具体的测试策略也颇具可读性。

第Ⅲ部分看似对程序员的日常工作没什么太大帮助，但这部分值得好好阅读和思考。作者提出的程序员十条承诺（或谓"誓言"）浅白易懂，却不易遵守。能谨守这些承诺的程序员，一定是我特别愿意共事的好伙伴。

译者序

　　中文版初稿翻译工作结束之后，我以为终于可以放松下颈椎和腰椎了。没想到，过了一段时间，侠少又发来一份英文修改稿，对初稿改动之处不在少数。还好有电子工业出版社的编辑帮我做了对照工作，将差异处一一列出。看着屏幕上的英文初稿、修改稿和修改了几遍的中文稿，我突然体会到鲍勃大叔讲解"质因数"示例时谈到的心情：对一桩事物的改进过程，活灵活现地跃然眼前。修改的过程既痛苦又快乐。而且，如果没有其他限制，可以一遍又一遍继续做下去，永无止境。

　　可惜，就像软件有交付截止日一样，译稿也不能一直拖下去。我清楚地知道，译稿还有很多问题。稿子交出去了，这些问题留待读者们发现和批评。如果有机会出修订版，你们的批评和建议必会被纳入，这也算是一种协同写作了吧。

韩磊

2021 年 10 月 28 日

专家推荐

鲍勃的《匠艺整洁之道》阐释敏捷技术实践的目的，深入探讨敏捷技术实践出现的历史因素，指出敏捷技术实践为何总是那么重要。作者曾亲历敏捷技术的发展和成型过程，全面了解其实践目标和手段，这在本书中体现得淋漓尽致。

——蒂姆·奥廷格（Tim Ottinger）
知名敏捷教练，图书作者

鲍勃文风上佳。书稿易于阅读，概念解释得非常详尽，即便是新入行的程序员也能读懂。鲍勃也会时不时幽上一默，让你稍做放松。本书的真正价值在于呼唤变革，呼唤更好的东西……呼唤程序员的专业素养……以及对软件无处不在的认识。此外，我相信，鲍勃写到的历史还有许多价值。我很高兴地看到，他没有浪费时间指责我们如何走到今天。鲍勃呼吁大家行动起来，要求他们提高标准和专业素养，从而承担责任，即便有时这意味着某种退步。

——海瑟·坎瑟（Heather Kanser）

作为软件开发者，我们必须不断为雇主、客户、同事和未来解决重要问题。让软件可用尽管困难，但远未足够，并不能令你成为成功匠人。软件能运行，只代表你通过了能力测试。你也许具备成为匠人的能力，但还要掌握更多东西。在本书中，鲍勃阐明了能力测试之外的技能和责任，展示了严肃软件匠人该有的样子。

——詹姆斯·葛莱宁（James Grenning）
《测试驱动的嵌入式 C 语言开发》（*Test-Driven Development for Embedded C*）作者，
《敏捷宣言》（*Agile Manifesto*）作者之一

鲍勃是少数我愿意与之合作技术项目的知名开发者之一。并不只因为他技能出众、名声在外、善于沟通，更在于他曾帮助我成为更好的开发者和团队成员。他往往早于其他人好几年发现软件开发领域的重要变化趋势，且能解释其重要性，鼓舞我学习新技能。回顾我入行之时，匠艺和职业操守的概念还没在软件领域出现，人家只是告诉你要做个有诚信的好人。如今，这些概念已然成为专业开发者能习得的最重要能力，甚至比编码本身更为重要。我很高兴地看到鲍勃再领风气之先，迫不及待想听他阐述观点，并将他的观点应用于实践。

——丹尼尔·马克汉姆（Daniel Markham）
Bedford Technology 公司负责人

纪念迈克·比多（Mike Beedle）

序

2003年春，在我公司各个技术团队引入Scrum后不久，我见到了鲍勃大叔。那时我还是个新鲜出炉、心怀疑虑的ScrumMaster。鲍勃教我们使用TDD和一个叫作FitNesse的小工具。我问自己："为什么总要写注定先面临失败的测试？测试不该排在编码之后吗？"就像团队中许多其他成员一样，我常常只能挠着头离开。但是，直至现在，鲍勃大叔对编程匠艺的热情于我仍然记忆犹新。他是个直言不讳的人。记得有一天，他看了我们的缺陷列表后，问我们到底为什么会对并不属于个人的软件系统做出如此糟糕的决定——"这些系统是公司资产，不是你们的个人资产。"他的激情鼓舞了我们。一年半之后，我们实现了百分之八十的自动测试覆盖率，得到了整洁又直观的代码库，客户和团队成员也都满意。之后，我们迅速修正了对"完成"的定义，以之为盾，挡住了潜伏在代码中的小魔怪。本质上，我们学会了如何避免自残。相处日长，我们对鲍勃心生暖意。对我们而言，他如同亲叔父——温暖、坚定、勇敢，一直帮助我们学会站直并做正确的事。有些孩子的"鲍勃大叔"教他们骑单车或钓鱼，而我们这位鲍勃大叔则教我们坚守正直——直至今日，在我的职业生涯中，有能力和愿望，满怀勇气与好奇心地去面对任何环境，仍是鲍勃大叔教会我的最佳课程。

开始从事敏捷教练职业后，我将鲍勃早年教我的那些东西用在工作中，我发现，最好的产品开发团队总能在各种行业、各种客户的各种独特环境中组合不同的最佳实践手段。我还发现，再好的开发工具也需要有与之匹配的人类操作者——那些在不同领域中都能找到这些工具最佳应用方式的团队。当然，我也观察到，开发团队也许达到了很高的单元测试覆盖率，已经能满足指标要求，却发现大部分测试不合格——指标满足，价值不足。最好的团队并不真需要关心指标。他们自有目标、纪律、尊严与责任感。指标自然而然得到满足。《匠艺整洁之道》将这些课程与原则放到具体代码范例与经验讲述中，展示了"为满足期限而写代码"与"真正搭建未来能用上的系统"之间的区别。

《匠艺整洁之道》提醒我们永不能满足于现状，要无畏地活着。这本书就像一位老友，会提醒你什么重要、什么有效、什么无效、什么导致风险、什么降低风险。这些经验历久弥新。你可能会发现自己已经在实践其中的一些技巧，我敢说你会发现另外一些新东西，或者至少是你曾因期限压力或其他职业生涯中的压力而放弃了的东西。如果你是开发领域的新手——无论是商业方面还是技术方面的——你将从最优秀的人那里学到东西。即使是最有经验和战斗力的人也会找到改进自己的方法。也许这本书会帮助你找回激情，重新激起你提升手艺的欲望，或者让你重新投入精力，无惧障碍追求完美。

软件开发者统治着世界。鲍勃大叔在这里重申了这些"掌握权柄"之人该遵守的职业纪律。他延续了《代码整洁之道》未完的话题。软件开发人员实际上是在编写人类的规则，所以鲍勃大叔提醒我们，必须严守道德准则，有责任知道代码的作用，人们如何使用它，以及它会在什么地方出错。软件出错的代价是人的生计——甚至生命。软件影响着我们的思维方式，影响着我们的决定。作为人工智能和预测分析的结果，软件同样影响着社会和人群的行为。因此，我们必须负起责任，以极大的谨慎和同情心行事——人们的健康和福祉取决于此。鲍勃大叔帮助我们面对这种责任，并成为社会所期望和需要的专业人士。

在写这篇序的时候，《敏捷宣言》即将迎来它的 20 岁生日 [1]。这本书是回归根本的完美机会：它及时而谦逊地提醒我们：程序化世界越来越复杂。为了人类的遗产，也为了我们自己，应该建立和维护职业操守。读读《匠艺整洁之道》吧，让这些原则渗入你的内心，实践和改进它们，辅导他人。把这本书放在手边书架上。当你带着好奇心和勇气行走于世间，让这本书成为你的老朋友、你的鲍勃大叔和你的导师吧。

——斯塔西·海格纳·韦斯卡迪（Stacia Heimgartner Viscardi）
CST 和敏捷教练

---

1 指 2021 年。——编辑注

前　言

在开始之前，有两个问题需要面对。搞清楚这两个问题，读者才能理解本书所根植的理念。

关于"匠艺"（Craftsmanship）

21 世纪之初的那些年，言辞之争不绝于耳。身在软件行业，我们见证了这些争议。其中，"匠人"（craftsman）一词常被认为太过狭隘。

我思考了很久，与持各种意见的朋友交流。我的结论是，对于本书而言，没有更好的词可用。

我考虑过改用 craftsperson、craftsfolk、crafter 等词，但这些词承担不起 craftsman 一词的历史庄严感。而这种历史庄严感正是本书想传递的重要讯息。

"匠人"让人想到一位技艺高超、成就非凡的行家——善用工具，熟悉行业，为自己的工作而自豪，满怀尊严和专业精神，值得信赖。

你们中的一些人可能会不同意我用这个词。我很理解。我只希望你们无论如何都不要认为这是在试图找到一个非它不可的词，因为这绝不是我本意。

唯一真路

当阅读《匠艺整洁之道》一书时，你可能会感到这是通往工匠精神的唯一真路。对我来说可能是这样，但对你来说可未必。这本书展示了我的路径。当然，你要选择自己的路径。

我们最终会不会需要唯一真路？不知道。也许吧。正如你将读到的那样，对软件职业做出严格定义的难度正在增加。我们也许可以根据所创建的软件的关注重点，采用几种不同的路径。但是，正如你将在下文中读到的那样，要把关键软件和非关键软件区分开来可能并不那么容易。

但我可以肯定一件事。"士师"[1]的日子已一去不返。每名程序员都各自做自己眼中正确的事，已经不够。纪律、标准和对职业操守的要求将会出现。今天摆在我们面前的问题是，让程序员自己来定义这些纪律、标准和职业操守，还是让那些不了解我们的人强加给我们。

本书介绍

本书是为程序员和管程序员的人写的。但在另一种意义上，本书是为整个人类社会写的。因为正是我们，这些程序员，无意中发现自己恰好处于这个社会的支点上。

为了自己

如果你已经编程好几年，大概能体会到系统成功部署和运转所带来的满足感。获得这样的成就，作为其中一分子，颇值得骄傲。你为自己能做出这套系统而自豪。

然而，你会为自己做出系统的方式而自豪吗？是为完成了工作而自豪，还是为自己的技艺而自豪？是因为系统得以部署而自豪，还是为你打造系统的方式而自豪？

艰难编程一整天，回到家里，你是会对着镜子里的自己说："今天干得真棒？"还是只能想到去冲个澡？

当一天结束时，很多程序员会感觉自己很脏。我们觉得自己深陷低水准工作的泥潭。我们

---

[1] 源自《旧约·士师记》，是古犹太人对领袖的称呼。

感到，只有降低质量才能赶上进度，而且有人在期待我们这样做。我们甚至开始相信，生产力与质量就是成反比的。

在本书中，我将尽力打破这种思维模式。本书关注如何做好工作。本书将阐述每名程序员都该懂得的纪律与实践手段，掌握这些纪律与手段，才能高效工作，并且为自己每天写的代码感到自豪。

为了社会

21 世纪，为了生存，我们的社会开始由无纪律和不受控的技术主导，这是人类历史上首次出现的状况。软件入侵了现代生活的方方面面，从早晨喝咖啡到晚间娱乐，从洗衣到开车。软件让我们既在世界级网络中连接，又在社会和政治层面上分裂。现代世界的生活没有哪一方面不由软件所主导。然而，我们这些构建软件的人不过是乌合之众，对自己所做之事了解甚少。

如果我们这些程序员做得更像样，2020 年艾奥瓦州党内选举结果能否如期得出？两架波音 737 Max 飞机上的 346 位乘客还会罹难吗？骑士资本集团（Knight Capital Group）会在 45 分钟之内损失 4 亿 6000 万美元吗？丰田汽车的"意外加速"故障会导致 89 人死亡吗？

全世界程序员数量每五年翻一番。程序员们几乎没有接受过相关技能教育。他们只是看了看工具，做过几个玩具式的开发项目任务，便被扔进指数级增长的劳动力队伍中，去应付指数级增长的软件需求。每一天，我们称之为软件的那个纸牌屋都在不断深入我们的基础设施、我们的机构、我们的政府，还有我们的生活。每一天，灾难风险都在不断增加。

我说的是什么灾难？不是文明的崩塌，也不是所有软件系统突然解体。摇摇欲坠的纸牌屋并非由软件系统本身构成。我说的是，软件的公众信任基础非常脆弱、岌岌可危。

有太多波音 737 Max 事故、太多丰田汽车意外加速故障、太多加州大众 EPA 丑闻和艾奥瓦州党内选举结果拖延——太多太多臭名昭著的软件失误或恶行。失去信任感、深感愤怒的公众将把目光投向我们的纪律、操守与标准缺失。规条随之而来，那将是我们本不该背负的规条。规条将削弱我们自由探索和延展软件开发工艺的能力，将严厉限制技术发展与经济增长。

本书并不打算阻止人们一头扎进越来越多的软件应用中，也不打算减缓软件生产的速度。因为这种意图注定徒劳无功。社会需要软件，而且无论如何都会得到软件。试图扼杀这种需求，并不能叫停迫在眉睫的公众信任灾难。

相反，本书的目标是让软件开发者和他们的管理者明白纪律的必要性，向他们传授最有效的纪律、标准与职业操守，令他们能够最大限度地生产健壮、高容错和高效的软件。唯有改变我们这些程序员的工作方式，提高纪律性、职业操守和标准，才能支撑起纸牌屋，防止它倒塌。

本书结构

本书分为三个部分：纪律、标准、职业操守。

纪律是最基础的一层。这个部分关注实用性、技术性和规范性。阅读和理解这个部分，各类程序员都能从中受益。这部分内容配了一些视频[1]，以展示测试驱动开发节奏和重构纪律。文本部分即旨在展示这种节奏，但还是视频比较有效。

标准是中间层次。这部分概括了世界对程序员这行的期望。管理者应该好好阅读，从而了解对专业程序员应有的期望。

操守在最高层。这部分阐述了编程职业的道德背景。它以誓言或一套承诺的形式体现，其中包括大量关于历史与哲学的话题。程序员和管理者都应该阅读这部分内容。

给管理者的话

本书包含了对你有益的大量信息。其中也会有你大概不需要理解的大量技术内容。建议你阅读每章的简介部分，当遇到超出所需的技术内容时尽管跳过，直接阅读后续章节。

一定要读第II部分"标准"和第III部分"操守"。这两部分中的五项纪律都要好好阅读。

1　书中视频可扫描本书封底二维码获取。

致　　谢

谢谢勇敢的审阅者们：戴门·波尔（Damon Poole）、埃里克·克里奇劳（Eric Crichlow）、海瑟·坎瑟、蒂姆·奥廷格、杰夫·兰格（Jeff Langr）和斯塔西·韦斯卡迪（Stacia Viscardi）。

感谢朱莉·费弗（Julie Phifer）、克里斯·赞恩（Chris Zahn）、曼卡·麦塔（Menka Mehta）、卡罗尔·莱利尔（Carol Lallier），以及 Pearson 公司所有为本书能顺利出版而殚精竭虑的同人们。

和以往一样，要感谢创意无穷、天才横溢的插画师詹妮弗·孔科（Jennifer Khonke）。她的作品总令我会心微笑。

当然，还要感谢我深爱的妻子和美好的家庭。

关于作者

1964 年,年仅 12 岁的**罗伯特 C. 马丁(鲍勃大叔)**就已写下他的第一行代码。他自 1970 年起从事程序员职业。他与人合办了 cleancoders.com 网站,为软件开发者提供在线视频培训服务。他还创办了 Uncle Bob 咨询有限公司,为分布于世界各地的大公司提供软件咨询、培训和技能培养服务。同时,他也供职于芝加哥的软件咨询企业 8th Light,任大匠(Master Craftsman)一职。

马丁先生在多本行业杂志上发表过数十篇文章。他是各种国际性会议和行业活动讲坛上的常客。他也是 cleancoders.com 网站上广受赞誉的多个系列视频的创作者。

马丁先生编著了多本图书，包括：

Designing Object-Oriented C++ Applications Using the Booch Method

Patterns Languages of Program Design 3

More C++ Gems

Extreme Programming in Practice

Agile Software Development: Principles, Patterns, and Practices

UML for Java Programmers

Clean Code

The Clean Coder

Clean Architecture: A Craftsman's Guide to Software Structure and Design

Clean Agile: Back to Basics

作为软件开发行业的领军人物，马丁先生曾任 *C++ Report* 杂志主编达三年之久。他也是敏捷联盟（Agile Alliance）的首任主席。

目录

第 1 章 匠艺 1

第 I 部分 纪律 9

极限编程 11
 生命之环 11
测试驱动开发 12
重构 13
简单设计 14
协同编程 14
验收测试 15

第 2 章 测试驱动开发 17

概述 18
 软件 20
 TDD 三法则 20
 第四法则 28
基础知识 29
 简单示例 30

目录

栈	30
质因数	46
保龄球局	55
小结	72

第 3 章　高级测试驱动开发 73

排序示例一	74
排序示例二	78
卡壳	86
安排、行动、断言	94
进入 BDD	95
有限状态机	96
再谈 BDD	97
测试替身	98
DUMMY	100
STUB	103
SPY	106
MOCK	108
FAKE	111
TDD 不确定性原理	113
伦敦派对决芝加哥派	126
确定性问题	126
伦敦派	127
芝加哥派	128
融合	128
架构	129
小结	131

第 4 章　设计 133

测试数据库	134
测试 GUI	136

- GUI 输入 138
- 测试模式 138
  - 专为测试创建子类 139
  - 自励 140
  - HUMBLE OBJECT 140
- 测试设计 143
  - 脆弱测试问题 143
  - 一一对应 144
  - 打破对应关系 145
  - VIDEO STORE 147
  - 具体 vs 通用 166
- 转换优先顺序 167
  - {} → NIL（无代码→空值）................................. 169
  - NIL → CONSTANT（空值→常量）............................. 169
  - UNCONDITIONAL → SELECTION（无条件→条件选择）............ 171
  - VALUE → LIST（值→列表）................................. 171
  - STATEMENT → RECURSION（语句→递归）...................... 172
  - SELECTION → ITERATION（条件选择→遍历）.................. 172
  - VALUE → MUTATED VALUE（值→改变了的值）.................. 173
  - 示例：斐波那契数列 173
  - 变换模式优先顺序假设 177
- 小结 178

第 5 章　重构 179

- 什么是重构 180
- 基础工具包 181
  - 重命名 181
  - 方法抽取 182
  - 变量抽取 183
  - 字段抽取 185
  - 魔方 199

纪律 199
　　　　测试 199
　　　　快速测试 199
　　　　打破紧密的一一对应关系 200
　　　　持续重构 200
　　　　果断重构 200
　　　　让测试始终能通过 201
　　　　留条出路 201
　　小结 202

第 6 章　简单设计 203
　　YAGNI 206
　　用测试覆盖 207
　　　　覆盖 208
　　　　渐近目标 210
　　　　设计？ 210
　　　　但还有更多好处 210
　　充分表达 211
　　　　底层抽象 213
　　　　再论测试：问题的后半部分 214
　　尽量减少重复 214
　　　　意外重复 215
　　尺寸尽量小 216
　　　　简单设计 216

第 7 章　协同编程 217

第 8 章　验收测试 221
　　纪律 224
　　持续构建 224

第 II 部分　标准 225

　　你的新 CTO 226

第 9 章　生产力 227

　　永不交付 S**T 228
　　成本低廉的变更适应能力 230
　　时刻准备着 231
　　稳定的生产力 232

第 10 章　质量 235

　　持续改进 236
　　免于恐惧 237
　　极致质量 238
　　我们不把问题留给 QA 239
　　　　QA 之疾 239
　　QA 什么问题也不会发现 240
　　测试自动化 241
　　自动化测试与用户界面 241
　　测试用户界面 243

第 11 章　勇气 245

　　我们彼此补位 246
　　靠谱的预估 247
　　你得说不 249
　　持续努力学习 250
　　教导 251

第 III 部分　操守 253

　　第一个程序员 254
　　75 年 255

目录

- 书呆子与救世主 259
- 榜样和恶棍 261
- 我们统治世界 262
- 灾难 263
- 誓言 265

第 12 章 伤害 267

- 首先，不造成伤害 268
  - 对社会无害 269
  - 对功能的损害 270
  - 对结构无害 272
  - 柔软 274
  - 测试 275
- 最好的作品 276
  - 使其正确 277
  - 什么是好结构 278
  - 艾森豪威尔矩阵 279
  - 程序员是利益相关者 281
  - 尽力而为 282
- 可重复证据 284
  - 狄克斯特拉 284
  - 正确性证明 285
  - 结构化编程 288
  - 功能分解 290
  - TDD 290

第 13 章 集成 293

- 小周期 294
  - 源代码控制的历史 294
  - GIT 299
  - 短周期 300

持续集成 301
　　　分支与切换 301
　　　持续部署 303
　　　持续构建 304
　持续改进 305
　　　测试覆盖率 306
　　　突变测试 306
　　　语义稳定性 307
　　　清理 307
　　　创造 308
　保持高生产力 308
　　　拖慢速度的因素 309
　　　解决注意力分散问题 311
　　　时间管理 314

第 14 章　团队合作 317

　组团工作 318
　　　开放式/虚拟办公室 318
　诚实和合理地预估 319
　　　谎言 320
　　　诚实、准确、精确 321
　　　故事 1：载体 322
　　　故事 2：pCCU 324
　　　教训 325
　　　准确度 325
　　　精确度 327
　　　汇总 329
　　　诚实 330
　尊重 332
　永不停止学习 332

第1章 匠艺

飞翔之梦几乎与人类历史一样古老。大约公元前 1550 年，古希腊就有了关于代达罗斯（Daedalus）和伊卡洛斯（Icarus）飞行的神话。此后的一千年里，为了追寻这个梦想，那些勇敢但也许愚蠢的人在身上捆绑奇形怪状的装置，从悬崖和高塔上一跃而下，飞向死亡。

大约 500 年前，当莱昂纳多·达·芬奇（Leonardo DaVinci）画出飞行机器的草图时，情况开始发生变化。虽然这些机器并不能真的飞起来，却表现出理性的思索。达·芬奇意识到，飞行有可能实现，因为空气阻力在两个方向上都起作用。向下推压空气会产生等量的升力。这就是所有现代飞行器的飞行机制。

达·芬奇的想法被遗忘了。直至 18 世纪中叶，人们才开始几近疯狂地探索飞行的可能性。18 世纪和 19 世纪是航空研究与实验的激荡时代。无动力原型机被制造、试飞、废弃和改进。航空科学初见雏形。升力、阻力、推力和重力被认识和理解。勇敢的人们继续尝试。

然后有人坠机和身亡。

在 18 世纪的最后几年，以及随后的半个世纪里，现代空气动力学之父乔治·凯利爵士（Sir George Cayley）制造出多架试验机、原型机和全尺寸模型，最终实现了首次滑翔机载人飞行。

然后还是有人坠机和身亡。

蒸汽时代来临，制造有动力载人飞行器的可能性出现了。数十种原型机和试验机被制造出来。科学家和爱好者们都加入了探索飞行的大军。1890 年，克莱门特·阿德（Clément Ader）试飞一架双蒸汽引擎的飞机，成功飞行了 50 米。

然后还是有人坠机和身亡。

内燃机改变了游戏规则。古斯塔夫·怀特海德（Gustave Whitehead）很有可能在 1901 年进行了首次有动力和人工操控的载人飞行。莱特兄弟（Wright Brothers）于 1903 年在北卡罗来纳州的杀魔山（Kill Devil Hills）操控比空气重的机器，进行了第一次真正有动力和人工操控的载人持续飞行。

然后还是有人坠机和身亡。

第 1 章　匠艺

一夜之间，世界改变。11 年后的 1914 年，双翼机在欧洲上空缠斗。

虽然有许多飞行员被炮火击落丧生，但同等数量的人在学习飞行时就已坠亡。他们可能掌握了飞行的原理，却几乎完全不懂飞行技术。

又过了 20 年，在第二次世界大战中，真正可怕的战斗机和轰炸机在法国和德国上空肆虐。它们在极高处飞行。它们全副武装。它们拥有毁灭性的破坏力。

在战争期间，美国损失了 65,000 余架飞机，但其中只有 23,000 架是被战毁的。飞行员在战斗中飞行和死亡。但更多时候，他们是在没被射击的情况下飞行和死掉的。我们仍然不懂如何飞行。

另一个十年见证了喷气式动力飞行器的出现、音障的突破，以及商业航线和民间航空旅行的爆发式增长。这是喷气式时代的肇始，有钱人（或谓"飞人"）能够在几小时内在城市或国家间飞跃。

喷气式客机支离破碎，从天上坠落，数量惊人。对于飞机的制造和飞行，我们仍不甚了解。

然后就来到了 20 世纪 50 年代。在这十年的末期，波音 707 飞机将搭载乘客在世界各地间飞行。再过了 20 年，第一架巨型喷气式宽体客机波音 747 出现。

航空和空中旅行成为世界历史上最安全和最高效的旅行方式。虽然花费了很长时间，以付出许多生命为代价，但我们终于学会如何安全地建造和驾驶飞机[1]。

切斯利·苏伦伯格（Chesley Sullenberger）于 1951 年生于得克萨斯州的丹尼森市。他是喷气式时代的孩子，16 岁就学会了开飞机，后来在空军驾驶 F4 幻影式战机。1980 年，他成为美国航空公司（US Airways）的机师。

2009 年 1 月 15 日，从拉瓜迪亚机场起飞后，他驾驶的空客 A320 载着 155 条生命，撞上一群大雁，两个喷气发动机全部失灵。凭借 20,000 小时以上飞行经验，苏伦伯格机长驾驶失去动力的飞机降落在哈得逊河面上。他掌握的坚实技术挽救了 155 条生命。苏伦伯格机长技艺超群。

1　波音 737 Max 不算在内。

苏伦伯格机长是位匠人。

快速可靠的计算与数据管理之梦几乎肯定与人类历史一样古老。使用手指、棍棒或珠子来计算，可以追溯到数千年前。人类在 4000 多年前就开始制造和使用算盘了。大约 2000 年前，机械装置被用于预测星体运动。计算尺是大约 400 年前发明的。

19 世纪初，查尔斯·巴贝奇（Charles Babbage）着手制造用曲柄驱动的计算机器。这是拥有存储器和算术处理能力的真正的数字计算机。但当时的金属加工工艺很难造出这种机器。他打造了几台原型机，但并未大卖。

19 世纪中期，巴贝奇尝试制造能力更强的机器。新机型由蒸汽驱动，能执行真正的程序。他称这种机型为"分析引擎机"（Analytical Engine）。

拜伦勋爵（Lord Byron）的女儿，勒夫蕾丝伯爵夫人（Countess of Lovelace）艾达（Ada），翻译了巴贝奇的讲课笔记，并且发现了其他人没有注意到的事实：计算机中的数字根本不必只代表数字，也可以代表真实世界中的事物。由于这一洞见，她常被誉为"世界上第一位真正的程序员"。

金属精密加工的问题一直困扰巴贝奇，他的项目最终还是失败了。19 世纪剩下那些年和 20 世纪早期，数字计算机领域没有得到进一步发展。然而，在此期间，机械模拟计算机的发展达到了巅峰。

1936 年，阿兰·图灵（Alan Turing）证明，对于任意丢番图方程[1]，不存在证明其有解的一般方法。他设想出一种简单的无限数字计算机，然后证明存在这种计算机无法计算的数字，由此证实上述论点。从这个结论出发，他发明了有限状态机、机器语言、符号语言、宏，以及原始的子程序。他发明了我们如今称之为软件的东西。

---

1 Diophantine equation，整数方程。

几乎在同一时间，阿隆佐·丘奇（Alonzo Church）对同一问题给出了不同的证明方法，结果搞出了 Lambda 演算（Lambda Calculus）——函数式编程的核心概念。

1941 年，康拉德·楚泽（Konrad Zuse）制造出首台机电式可编程数字计算机 Z3。它拥有 2000 多个继电器，以 5~10Hz 的时钟频率运行。这台机器支持 22 位字长的二进制算术。

在第二次世界大战期间，图灵受雇帮助布莱切利园（Bletchley Park）的"研究员们"解读德式恩尼格玛（Enigma）密码。恩尼格玛机是一种简单的数字计算机，用于打乱通过无线电报广播的文本信息。图灵协助建造了一套机电数字搜索引擎，用来找寻解密的关键线索。

第二次世界大战战后，在建造世界上第一台电子真空管计算机"自动计算引擎"（Automatic Computing Engine，ACE）和为它编程时，图灵发挥了重要作用。最初的原型机使用了 1000 个真空管，以每秒百万位的速度操作二进制数字。

1947 年，在为这台机器编写了一些程序和研究其能力之后，图灵做了一次报告，给出以下预见：

> 我们将需要大量数学专才，（将问题）转化为计算形式。

> 遵守适当纪律，不让工作失控，这将是困难所在。

世界在一夜之间改变了。

没过几年，磁芯存储器就被开发出来了。在几微秒之内访问数十万位乃至数百万位的数字存储成为可能。同一时期，真空管的大规模生产令计算机更加便宜和可靠。有限的计算机大规模制造成为现实。到 1960 年，IBM 售出了 140 台 70x 型计算机。这是一种巨型真空管机器，价值数百万美元。

图灵使用二进制代码为他的机器编程，但谁都知道（对于大多数人）这不太实际。1949 年，格雷斯·霍珀（Grace Hooper）发明了"编译器"（compiler）一词，并于 1952 年创造了第一个编译器：A-0。1953 年年底，约翰·巴克斯（John Bachus）编制了 FORTRAN 规范。1958 年，ALGOL 和 LISP 也面世了。

1947 年，约翰·巴登（John Bardeen）、沃尔特·布赖顿（Walter Brattain）和威廉·肖克利（William Shockley）制造出第一个可工作的晶体管。真空管被晶体管取代，玩法完全改变。计算机变得更小、更快、更便宜，也更加可靠。

到 1965 年，IBM 生产了 10,000 台 1401 型计算机。这种计算机的月租费为 2500 美元。中型企业有能力支付这笔费用。这些企业需要程序员，于是对程序员的需求也加速增长。

谁在为这些机器编程？当时还没有大学开设这类课程。那是在 1965 年，没人去学校学习编程。程序员都来自商界。他们都是在所属行业工作了一段时间的成熟人士，年龄介乎三十多岁至五十多岁。

到 1966 年，IBM 每个月生产 1000 台 360 型计算机，产量仍无法满足企业需求。这种机器拥有 64KB 甚至更多的内存，每秒能够执行数十万条指令。

同年，奥利·约翰·达尔（Ole-Johan Dahl）和克利斯登·奈加德（Kristen Nygard）在挪威计算机中心（Norwegian Computer Center）的 Univac 1107 型机器上扩展 ALGOL 语言，创造出 Simula 67 语言。Simula 67 是第一个面向对象编程语言。

此时距阿兰·图灵的报告仅仅过去 20 年。

两年后的 1968 年 3 月，艾兹赫尔·狄克斯特拉（Edsger Dijkstra）给《ACM 通讯》（*Communications of the ACM*）写了一封信。这封信后来非常有名。编辑给它加上标题《Go To 语句有害》（*Go To Statement Considered Harmful*）[1]并发表了出来。结构化编程诞生了。

1972 年，新泽西州贝尔实验室员工肯·汤普森（Ken Thompson）和丹尼斯·里奇（Dennis Ritchie）手头没有项目在进行。他们从其他项目组借了台 PDP 7 型计算机，发明了 UNIX 和 C。

之后，进步几近极速。下面列出几个关键时点。问问你自己，在这些时点上，全世界共有多少台计算机？有多少名程序员？这些程序员都从哪儿来？

1965 年至 1970 年，数字设备公司（Digital Equipment Corporation，DEC）生产了 50,000 台 PDP-8 型计算机。

---

1 Edsger W. Dijkstra, "*Go To Statement Considered Harmful,*" *Communications of the ACM* 11, no. 3 (1968).

1970 年，温斯顿·罗伊斯（Winston Royce）撰写了那篇"瀑布"论文，即《管理大型软件系统开发》（Managing the Development of Large Software Systems）。

1971 年，英特尔发布 4004 单片微处理器 [1]。

1974 年，英特尔发布 8080 单片微处理器。

1977 年，苹果发布 Apple II 型计算机。

1979 年，摩托罗拉发布 16 位单片微处理器 68000。

1980 年，本贾尼·斯特劳斯特鲁普（Bjarne Stroustrup）发明 C with Classes（一种令 C 看上去像 Simula 的预处理器）。

1980 年，阿兰·凯（Alan Kay）发明 Smalltalk。

1981 年，IBM 发布 IBM PC。

1983 年，苹果发布 128KB 麦金塔（Macintosh）微型个人计算机。

1983 年，斯特劳斯特鲁普将 C with Classes 改名为 C++。

1985 年，美国国防部接受"瀑布"方法为正式软件开发过程方法（DOD-STD-2167A）。

1986 年，斯特劳斯特鲁普出版图书《C++程序设计语言》（The C++ Programming Language）。

1991 年，格莱迪·布奇（Grady Booch）出版《面向对象设计》（Object-Oriented Design with Applications）[2]。

1991 年，詹姆斯·高斯林（James Gosling）发明 Java（当时取名为 Oak）。

1991 年，吉多·范·罗苏姆（Guido Van Rossum）发布 Python。

1995 年，埃里希·甘玛（Erich Gamma）、理查德·赫尔穆（Richard Helm）、约翰·沃利希斯（Jonh Vlissides）和拉尔夫·约翰逊（Ralph Johnson）撰写《设计模式：可复用面向对象软件的基础》（Design Patterns: Elements of Reusable Object-Oriented Software）一书。

1995 年，松本行弘（Yukihiro Matsumoto）发布 Ruby。

1995 年，布兰登·艾奇（Brendan Eich）创造 JavaScript。

1996 年，太阳微系统公司（Sun Microsystems）发布 Java。

1999 年，微软发明 C#/.NET（当时称为 Cool）。

---

1 原文用 Microcomputer（微型计算机），应为 Microprocessor（微处理器），另两处相同。——编辑注

2 这本书出版时间是 1990 年，作者可能记忆有误。另，Grady Booch 另有著作 Object-Oriented Analysis and Design with Applications，以 C++为示例语言。这本则是以 Ada 为示例语言。——译者注

2000年,"千年虫"缺陷爆发。

2001年,敏捷宣言发布。

1970年至2000年,计算机的时钟频率增加了3个数量级,集成度增加了4个数量级;磁盘空间增加了6~7个数量级;存储器(RAM)也增加了6~7个数量级,成本从每位几美元降低到每千兆位几美元。硬件上的变化不太直观,但只需要将我提到的这几个增长量级合起来算,就能得到大约30个数量级的能力增长。

所有这些距阿兰·图灵的报告不过50余年之遥。

现今有多少名程序员?他们写了多少行代码?这些代码有多好?

与航空业发展时间线对比,你能看到相似性吗?你是否看到理论方面的逐步提高,爱好者的冲动与失败,以及能力的逐渐提升?这是我们未能熟练掌握自己所做之事的几十年。

如今,社会依赖于我们的技能而存在,我们有社会所需的苏伦伯格式人物吗?我们有没有培养出如现今那些飞行员一般深刻理解自己技艺的程序员?我们有我们需要的匠人吗?

匠艺是指懂得如何做好某件事。它源自良好的指导和大量经验。直至现在,软件产业仍大大缺少这两样事物。程序员不想做太久程序员,他们视编程为晋升至管理层的垫脚石。这意味着只有少数程序员能获取足够多的经验,并且将技艺传授给他人。更糟的是,每隔五年左右,进入这个领域的新程序员数量就会翻一番。这样一来,有经验程序员的占比就持续走低。

结果就是大多数程序员从未学会决定了他们技艺水平的纪律、标准与职业操守。在相对短暂的编码生涯中,他们始终是白丁。当然,这也意味着这些缺乏经验的程序员写的代码低于标准、结构糟糕、毫不安全,通常是一团乱麻。

在本书中,我将阐述那些标准、纪律与职业操守。我相信,每名程序员都应该熟知和遵循这些规则,这样才能逐步获得他们习得技艺所需的知识和技能。

第 I 部分　纪律

何为纪律？纪律是一套规则，由两部分组成：必要部分与任意部分。必要部分是纪律的力量来源，纪律因其而存在。任意部分造就纪律的形式，没有它，纪律就不成其为纪律。

例如，外科医生在做手术前会洗手。仔细观察就会发现，医生有着特别的洗手方式。他不只是如你我一般在手上打肥皂，再用流水冲洗。外科医生遵循一套洗手规程。我见过的大概如此：

- 使用合适的肥皂。
- 使用合适的刷子。
- 对于每根手指，

    · 指尖洗 10 遍
    · 左侧洗 10 遍
    · 指根洗 10 遍
    · 右侧洗 10 遍
    · 指甲洗 10 遍

- ……

必要部分很清楚，外科医生的手必须保持洁净。但你是否注意到任意部分？为何是 10 遍？为何不是 8 遍或 12 遍？为何将整根手指分为 5 个区域？为何不分为 3 个或 7 个区域？

这些其实是任意数，除被认为数量足够之外，没有其他理由非其不可。

在本书中，我们将研究软件匠艺的 5 套纪律。其中一些已经存在 50 年之久，有些则只有 20 年，但全都在历史上证明了其有用之处。没有它们，软件即工艺的概念几乎不可想象。

每套纪律都有其必要元素和任意元素。读过之后，你也许会有抗拒心理。如果发生这种情况，注意一下自己是在抗拒必要元素还是在抗拒任意元素。要始终关注必要元素。只要你融会了每套纪律的必要部分，任意部分的形式就没那么重要了。

例如，1861 年，伊格纳兹·塞梅尔韦斯（Ignaz Semmelweis）公布了关于医生应用洗手纪律的发现。他的研究成果令人吃惊。在给孕妇做检查前，如果医生使用氯漂白剂彻底洗手，孕妇后来患败血症死亡的概率可从十分之一骤降到几乎为零。

但当时的医生们在考查塞梅尔韦斯提出的纪律时，并没有分开必要部分和任意部分。氯漂白剂是任意部分。清洗才是必要的。他们认为用漂白剂洗涤会造成不便，无视了要洗手的证据。

医生们开始认真洗手，是好几十年之后的事情了。

极限编程

1970 年，温斯顿·罗伊斯（Winston Royce）发表了一篇论文，推动"瀑布"式开发过程成为主流开发。业界花了三十年时间才纠正了这个错误。

到 1995 年，软件专家们开始考虑更为递增式的不同做法。Scrum、特性驱动开发（FDD）、动态系统开发方法（DSDM）和水晶方法论（Crystal Methodologies）渐次出现，但整个行业没有太大变化。

1999 年，肯特·贝克（Kent Beck）出版了《解析极限编程——拥抱变化》(*Extreme Programming Explained*) 一书。极限编程（Extreme Programming, XP）基于上述软件过程，但添加了新内容。XP 添加了工程实践概念。

1999 年至 2001 年，人们对 XP 的热情急剧增长。这种热情孕育和推动了"敏捷革命"。迄今为止，XP 是所有敏捷方法中定义得最好和最完整的。本章谈及的纪律将集中于 XP 核心的工程实践。

生命之环

图 1.1 是罗恩·杰弗里斯（Ron Jeffries）的"生命之环"图，展示了极限编程的实践手段。本书将讨论画面中心的四个要素，以及外环最左端的要素。

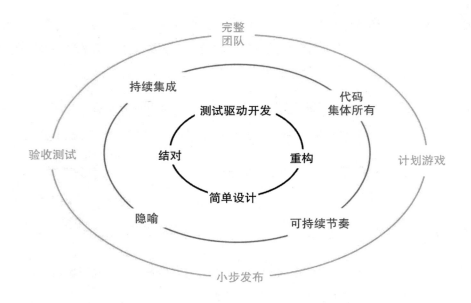

图1.1 生命之环：XP实践

画面中心的四个要素是极限编程的工程实践手段：测试驱动开发（TDD）、重构、简单设计和结对（我们称之为协同编程）。最左端的实践手段是验收测试。验收测试是极限编程中最注重技术与工程的业务实践手段。

这五项实践手段共同构成了软件匠艺的基础纪律。

测试驱动开发

TDD 是关键纪律。没了它，其他纪律要么不可能存在，要么无所作为。所以，后面两章将花费将近全书一半篇幅来讲述 TDD，而且会包含大量技术细节。这样的文本组织看起来有点失衡。实际上，我也这么觉得，而且努力想做些改动。然而，我的结论是，这种失衡实际上反映了行业中的失衡。太少程序员深谙此道。

TDD 是关于程序员每分每秒工作方式的规范，既不在事前，也不在事后。TDD 存在于过程之中，与你当面相对。没办法做到局部 TDD。要么全做，要么不做。

TDD 纪律的必要部分非常简单。小周期，先测试。测试先于一切。先写测试。先清理测试。测试先于一切其他操作。所有操作都切分为最小周期。

周期持续时间以秒计，而非以分钟计；以字符计，而非以行计。反馈环路几乎在打开之时就会关闭。

TDD 的目标在于创建你完全信赖的测试集。只要测试集通过，即可安心部署代码。

在所有纪律之中，TDD 最为繁苛和复杂。之所以说繁苛，因为它主宰一切，贯穿始终，管束你所做的每件事。无论周遭压力多大，它都能稳住节奏。

TDD 复杂，因为编码本就复杂。对于每种代码形态，TDD 都有相应的形态。TDD 复杂，因为测试必须设计地契合代码，但不能耦合代码。TDD 复杂，还因为测试必须全面覆盖，且仍需在以秒计的时间内执行。TDD 是一种精巧繁复的技术，难以习得，但回报丰厚。

重构

重构是令我们能够编写整洁代码的纪律。没有TDD，重构将无法实现，起码很难实现 [1]。所以，没有TDD，也写不出或很难写出整洁代码。

遵守重构纪律,我们就能将结构糟糕的代码改写为结构更好的代码，且不会影响代码行为。这很要紧。只要保证代码行为不受影响，对结构的改进就是安全的。

不清理代码，从而导致软件系统腐坏，是因为我们担心清理代码会破坏代码行为。如果有安全的清理手段，我们就会去清理代码，系统也不会腐坏。

如何保证改进不会影响行为？因为我们有 TDD 测试。

重构同样也是复杂的纪律。有太多路子写出结构糟糕的代码。所以，也有很多清理糟糕代

---

[1] 也许还有其他纪律能像 TDD 一般支持重构，例如肯特·贝克的 test&&commit||revert。截至本书写作时，这套技术还未获得足够高的接受度，仍然停留在学术研究阶段。

码的法子。此外，每种法子都得无缝融入 TDD 的测试优先周期。事实上，这两套纪律如此紧密地交织在一起，几乎不可分割。没有 TDD 就无法进行重构；不做重构，也几乎没法做 TDD。

简单设计

地球生命可以分层描述。最顶端是生态学，研究活物系统。接着是生理学，研究生命的内在机制。下一层大概是微生物学，研究细胞、核酸、蛋白质，以及大分子系统。然后用化学来描述，最后用量子力学描述。

类比编程的话，如果说 TDD 是编程中的量子力学，那么重构就是化学，而简单设计则是微生物学。以此类推，SOLID 原则、OO（Object-Oriented）和函数式编程是生理学，架构则是生态学。

没有重构，简单设计几乎无法实现。实际上，简单设计是重构的最终目标；重构是达成该目标的唯一可行方法。原子颗粒式的简单设计很好地融入更大的程序、系统与应用结构中，从而实现了这一目标。

简单设计并不是一套复杂纪律。实际上，它只包括四条极简规则。然而，与 TDD 和重构不同，简单设计不能被精确定义。它取决于不同的判断标准，取决于经验。它是将略懂规矩的新手与理解了原则的熟手区别开来的指标，也是踏向迈克尔·费瑟（Michael Feathers）所谓设计感（Design Sense）境界的第一步。

协同编程

协同编程（Collaborative Programming）是软件团队共同工作的纪律和艺术。它包括结对编程、结组编程（Mob Programming）、代码审查、头脑风暴等细则。协同编程与每位团队成员有关，无论是程序员还是非程序员。有了这种基础做法，我们才能共享知识，确保延续性，将团队打造成具有执行力的整体。

在所有纪律中，协同编程大概最为复杂和缺乏规范。然而，协同编程却是 5 套纪律中最重要的那套，因为高效团队既少见又珍贵。

验收测试

验收测试将软件开发团队与业务绑到一起。业务目标就是系统行为的规格说明。这些行为被编码到测试中。只要测试通过，系统就会按要求执行。

业务部门代表必须能读写测试。业务人员编写和阅读测试，目睹它们通过，就能知晓系统已按业务所需来做事。

第 2 章　测试驱动开发

TDD 的话题分两章讨论。先讨论 TDD 的基础技术细节。在本章中，你将一步步学习 TDD 纪律。本章包括大量代码和几段视频。

在第 3 章"高级 TDD"中，我将写到 TDD 新手面临的许多陷阱和难题，例如数据库和图形用户界面。我们将探索一些设计原则，这些设计原则驱动了良好的测试设计，以及测试的设计模式。最后，我们将研究一些有趣而深刻的理论可能性。

概述

零。这个数字很重要。它是平衡之数。当两边平衡时，指针读数为零。中性原子拥有相同数量的电子和质子，电量为零。桥上各种力的总和为零。零是平衡之数。

你是否想过，你支票账户中的金钱总额，即所谓结余，为何与平衡（balance）是同一个英文单词？这是因为账户结余是存款与提款的所有交易之和。交易是两个账户之间的金钱流动，所以总有交易双方。

交易的"近端"影响你的账户。交易的"远端"影响其他人的账户。向你账户存入钱款的"近端"对应从某个其他账户提出钱款的"远端"。每次你写张支票，"近端"就会从你账户中取钱，而"远端"则向另一个账户存钱。你账户中的结余是"近端"所有交易之和。"远端"交易总和与你的账户结余数量一致、正负相反。近端与远端之和一定为零。

两千年前，普林尼长老加伊乌斯·普林尼·塞坤杜斯（Gaius Plinius Secundus）悟出记账之道，发明了复式记账法。开罗的银行家们和威尼斯的商人们在数百年里持续打磨这套纪律。莱昂纳多·达·芬奇的方济各会修士朋友卢卡·帕乔利（Luca Pacioli）编写了正式定义，并将其印在用当时新近发明的印刷术出版的书上。随后，这种技术四处传播。

1772 年，正当工业革命势头迅猛之时，约书亚·韦奇伍德（Josiah Wedgwood）努力奋斗，创办了一家陶瓷厂。为了满足巨大的市场需求，他差点儿破产。他采用了复式记账法，于是就能看清金钱是如何在生意中流入流出的，以前可看得没那么清楚。而且，现金流被调整之后，破产没有发生，其建立的记账法一直延续到了今天。

韦奇伍德并非唯一受益者。工业化浪潮推动欧洲与美洲经济高速增长。为了管好增长带来的金钱，越来越多的企业采用了复式记账法。

1975 年，约翰·沃尔夫冈·冯·歌德（Johann Wolfgang von Goethe）在《威廉·麦斯特的学习时代》(*Wilhelm Meister's Apprenticeship*) 里写了如下内容。请仔细阅读，我们很快就会讨论相关内容。

> "把它拿走，扔到火里去！"温纳叫道。"这玩意儿没有一丁点儿值得赞赏的地方：那桩事我已经烦透了，还引来了你父亲的怒火。语句或许优美，内涵却从根子上就错了。我还记得你将生意比作扮可怜的干瘪女巫。我想，这大概是你从什么破烂铺子看来的形象吧。那时候，你完全不明白贸易的真意。我想象不到有什么人的心灵会比真商人的心灵更为开阔，也想象不到有什么人的心灵有必要比真商人的心灵更为开阔。能看到他生意中普遍存在的秩序，这是一件多么了不起的事啊！如此一来，他就能始终通观整体，不至于迷失在细节里面。他从复式记账系统中得到了莫大的好处！这是人类头脑想出来的最优秀发明之一；每位谨慎的家主都该用它来管经济。"

如今，复式记账法在几乎每个国家都已成为法律要求。在很大程度上，这套纪律定义了会计这个职业。

让我们回到歌德这段话。注意他用来描写他所厌恶的那种"生意"的言辞：

> "扮可怜的干瘪女巫。我想，这大概是你从什么破烂铺子看来的形象吧。"

你有没有见到过符合这种描写的代码？我敢说你见过。我也见过。实际上，如果你有类似于我的经历，应该已经见过太多太多这样的代码。如果你有类似于我的经历，你也写了太多太多这样的代码。

现在，再看一次歌德的原文：

> "能看到他生意中普遍存在的秩序，这是一件多么了不起的事啊！如此一来，他就能始终通观整体，不至于迷失在细节里面。"

歌德将这种巨大的好处归功于复式记账法的简单纪律，这很重要。

软件

对于现代企业经营，合理的账户维护工作完全有必要。对于合理的账户维护工作，复式记账法纪律也是必要的。相较于企业经营，软件的合理维护是不是没那么必要呢？当然不是！在 21 世纪，软件是每家企业的核心。

那么，软件开发者能不能像拥有复式记账法的会计师和经理们那样，拥有一套能够统管软件全局的纪律呢？或许你认为，软件与记账毫不相关，也不必甚至不可能有关系。我不敢苟同。

不妨将记账比作巫师的法术。我们这些不精通其仪轨和奥秘的人，对于会计这门专业了解甚少。这一行的产出是什么？是一套以令外行人不得其解的方式组合的文档。在这些文档中，满布各种符号，除了会计师，很少有人能够真正理解。然而，哪怕其中只有一个符号出错，都会导致可怕的后果。企业可能因此倒闭，高管们则会身陷囹圄。

你看，这与软件开发何其相似。软件其实也是一种巫师的法术。不熟悉软件开发仪轨和奥秘的人，压根不会懂得表面之下发生的事。产出呢？同样是一套文档，即源代码。这些文档以极其复杂和令人困惑的方式组织起来，充满了只有程序员才能理解的符号。其中，哪怕只有一个符号出错，可怕的后果就会接踵而来。

会计与软件何其相似。它们都需要紧张而快速地管理复杂细节。经过大量训练并拥有足够经验的人才能做好这件事。它们都产出复杂的文档，每个符号的准确性都至关重要。

会计师和程序员也许不愿承认，但他们的确是同类。传统行业的纪律应该适用于新行业。

如你即将读到的那样，TDD 就是一种复式记账法。纪律一致，目标一致，结果一致。一切都在相对应的"账户"中分别被讲述一次，而测试通过也保证了"结余"一致。

TDD 三法则

在谈及三法则之前，有些话题需要讨论。

TDD 要求必须遵循以下纪律：

1. 创建测试集，方便重构，并且其可信程度达到系统可部署的水平。意即，若测试集通过，系统就可部署。
2. 创建足够解耦、可测试、可重构的代码。
3. 创建极短的反馈循环周期，保障代码编写工作以稳定的节奏和产出运行。
4. 创建相互解耦的测试代码和生产代码，以资方便地分别维护，无须在两者之间复制改动。

TDD 纪律包括三条完全随意的法则。之所以说这些法则是随意的，是因为必要部分完全可以通过其他方式完成，例如肯特·贝克的 Test && Commit || Revert（TCR）原则。尽管 TCR 与 TDD 完全不同，但它也能达成同样的必要目标。

TDD 三法则是 TDD 纪律的基础。遵守这些法则非常困难，在初期时尤其困难。要遵守这些法则，还得掌握一些技能和知识，而这些技能和知识也不易习得。如果还没掌握这些技能和知识就贸然尝试，你一定会备感受挫，无奈放弃。后续章节将会讨论这些技巧和知识。现在只是先警示一下。未做适当准备，很难遵守这些法则。

第一法则

在编写因为缺少生产代码而必然会失败的测试之前，绝不编写生产代码。

如果你是有几年经验的程序员，可能会认为这条法则有点愚蠢。你也许会想，都没代码可测试，写什么测试？这一认知源自人们通常认为应该写完代码才写测试。但如果你仔细考虑就会明白，如果你能写出生产代码，那么你也能写出测试生产代码的代码。看上去顺序不对，但你已经有了先写测试所需的信息。

第二法则

只写刚好导致失败或者通不过编译的测试。编写生产代码来解决失败问题。

同样，如果你是经验丰富的程序员，大概就能明白，测试的第一行代码会通不过编译，因为这行代码是用来与还不存在的代码交互的。当然，这也意味着在编写生产代码之前，你无法继续写测试代码。

第三法则

只写刚好能解决当前测试失败问题的生产代码。测试通过后，立即写其他测试代码。

闭环形成。显然，三法则将你锁进时长以秒计的循环中。看起来像这样：

- 写一行测试代码，无法通过编译（当然）。
- 写一行生产代码，编译成功。
- 写另一行测试代码，无法通过编译。
- 写一两行生产代码，编译成功。
- 再写一两行测试代码，这次可以编译成功，但断言失败。
- 写一两行生产代码，满足断言。

如此循环，贯穿始终。

有经验的程序员也许还是会认为这样干很荒唐。"三法则"将你锁进时长以秒计的循环中。每走一次循环，就是在测试代码与生产代码间切换。你永远不能只写一个 `if` 语句或一个 `while` 循环。你永远不可能只写一个函数。你永远只能困于在测试代码与生产代码间切换的小循环中。

你可能认为这个过程会乏味、枯燥和缓慢。你也许认为这样做会拖慢进度、打断思维。你甚至也许认为这纯粹是蠢事一桩。你也许认为，这种做法会导致一堆缺少设计或是意大利面条式的混乱代码出现——堆积了许多让测试通过的测试和代码。

且别思考，继续阅读。

摈弃调试

请读者设想一下，有那么一个房间，里面坐满了遵守三法则的人。这个开发团队的目标是部署一套重要系统。随时挑出任意一名程序员。这名程序员致力于在刚过去的一分钟里执行和通过所有测试。这是真的。与挑谁出来无关，与什么时候挑人无关。在刚刚过去的一分钟里，一切正常。

如果每件事在刚过去的一分钟里都正常,你的工作会是怎样的?你觉得自己还会做多少调试?实际上,如果在刚过去的一分钟里一切正常,就没什么可调试的了。

你是使用调试器的高手吗?是否能将调试舞弄于指掌之间?是否定义了所有热键,随时可供使用?高效地设置断点和检查点,深深地沉入调试,这是否已成为你的第二天性?

这根本就是你不该渴望得到的技能!

你不该期望成为使用调试器的高手。要成为调试器高手,唯一方法就是,花大量时间做调试。我并不希望你花太多时间做调试。你也不应该有这样的希望。我希望你尽可能多地花时间在写能工作的代码上,尽可能少地花时间在修复有问题的代码上。

我希望你少用调试器,以至于忘记热键,不再能熟练地调试。我希望你对着那些单步执行和子函数执行之类费解的图标不知所措。我希望连调试器都觉得你是个又笨又慢的新手。你也应该成为这样的人。调试器用得越舒服,你就越知道自己可能做错了点什么。

我无法保证"三法则"会消灭对调试器的需求。你还是会时不时地需要做调试。软件就是软件,软件仍然很难搞。但调试频率会急剧下降,单次花费时间会急剧减少。你将花更多时间写能正常工作的代码,花更少时间写不能正常工作的代码。

文档

如果你整合过第三方软件包,就会知道,通常软件包里面会有一份技术作者写的 PDF 文档。作者号称这份文档说明了如何整合第三方包。在文档末尾,总有丑陋的附录,包括整合软件包的代码示例。

当然,你会第一时间读附录。你不会想看技术作者写关于代码的文字,你想直接读代码。代码能告诉你比技术作者写的东西多得多的内容。运气好的话,你还可以运用"拷贝/粘贴"大法,将代码复制到自己的应用中。

遵守"三法则",你就是在为整套系统编写代码示例。你写的测试阐释了系统运行的每个小细节。如果你想知道如何创建某个业务对象,就有对应的测试告诉你创建这个业务对象的所有方法。如果你想知道如何调用某个 API 函数，就有对应的测试展示该 API 函数的调用方法，以及可能出现的错误或异常。测试集里面的测试将讲述你想知道的一切系统细节。

这些测试是在最低层级描述整个系统的文档。这些文档使用你熟知的语言写成。它们清楚明确。它们正规到可以执行的程度。而且它们始终与系统同步。

以文档的标准而言，它们几近完美。

我并不想过度推销。对于描述系统动机，测试并不特别出色。它们并非高层级文档。但是，在最低层级上，它们比任何其他形式的文档都好。它们本身就是代码。你明白，代码会说真话。

你也许会担心这些测试会像整个系统那样难以理解。其实不然。每套测试都是一小段代码。测试自身并不构成系统。测试之间互不相识，所以也互不依赖。每个测试都是独立的，只能认识自身。每个测试都确切地告诉你系统中很细小部分的相关知识。

再说一遍，我不想过度推销。有可能写出复杂难解、不便读懂的测试，但不必这么做。实际上，本书目标之一就是教你如何编写能作为文档看待的，清楚、整洁的描述基础系统的测试。

设计中的坑

你是否曾在写好代码后才写测试？大多数人都这么干过。先写代码再写测试是普遍现象。但这么干不好玩，对吧？

之所以不好玩，是因为一旦这么干，在写测试时我们就已知道系统能正常工作了。我们已经手动测试过。这时候写测试，无非出于某种责任感或者负罪感，或者就是管理层对测试覆盖率有要求。于是，我们知道，每个测试都要通过，还是勉为其难地一个接一个写测试。无聊，无聊，无聊。

然后，我们不可避免地遇到了不好写的测试。代码并没有设计成可测试的样子，所以很难写测试。现在，为了测试代码，我们不得不修改设计。

这就痛苦了。需要花好多时间。也许会搞坏什么东西。我们知道代码能运行，因为我们手工测试过。最后，我们甩手走人，在测试集里留下一个"大坑"。别说你没干过。你干过的。

你也知道如果自己在测试集里留了个大坑，团队中的其他人也会这么做。这么一来，你就知道，测试集满是漏洞。

只要看看当测试集通过时程序员们笑声的音量和持续时间，你就知道里面有多少"坑"。程序员笑得越多，"坑"就越多。

如果测试集通过会带来笑声，那么它就不是一个特别有用的测试集。当出问题时，它可能会告诉你，但当它通过时你就什么决定也做不了。当它通过时，你知道的顶多是某些功能可以正常执行。

好测试集没有"坑"。好测试集在通过时允许你做一个决定，那就是部署。

如果测试集通过了，你就会有信心部署系统。假使测试集不能提供这种程度的信心，要它何用？

好玩

遵守三法则，就会有所不同。首先，会好玩。再说一次，我不想过度推销。TDD 不会比在拉斯维加斯赢头奖好玩，不会比去参加派对好玩，甚至不会比和你四岁大的孩子下滑道梯子棋好玩。实际上，"好玩"也许不是最合适的词。

你还记得自己第一个程序运行起来的情形吗？记得那种感觉吗？大概是在一家百货店里的 TRS-80 或 Commodore-64 上。你可能写了个蠢蠢的死循环，在屏幕上一直打出自己的名字。你离开屏幕，脸上挂着微笑，以为自己是宇宙的主人，所有的计算机都得永远俯首称臣。

当执行 TDD 循环时，这种感觉再次出现。每次看到测试如你所预期的那样失败，你就会颔首微笑。每次写出令测试通过的代码，你就会想起自诩宇宙的主人那事儿，而且你仍然手握大权。

每在 TDD 中循环一次，就像有一针内啡肽（endorphin）打进你的脑干，让你感觉自己更合格和自信，随时准备好迎接下一个挑战。感觉虽然细微，但无疑也很好玩。

设计

不要止步于此。先写测试，就会有更重要的事发生。如果你先写测试，就不会写出难以测试的代码。先写测试，会逼着你设计易于测试的代码，概莫能外。遵守三法则，代码就易于测试。

是什么让代码难以测试？是耦合与依赖。易于测试的代码没有这些耦合与依赖。易于测试的代码本身就已解耦！

遵守三法则，你就只能写出解耦的代码，概莫能外。先写测试，通过测试的代码就会以出乎你意料的方式解耦。

那是好事。

头顶上的蝴蝶结

遵守三法则，有以下好处：

- 你将花更多的时间写能正常运行的代码，花更少的时间调试不能正常运行的代码。
- 你将产出一套几近完美的低层级文档。
- 好玩——起码有动力。
- 你将产出一套测试集，令你有信心部署系统。
- 你将创建较少耦合的设计。

这些理由也许会使你相信 TDD 是个好东西，也许足够令你忘记一开始的反应甚至排斥。

但还有更重大的理由来证明 TDD 的重要性。

恐惧

编程很难，也许是人类尝试掌握的技巧中最难的那种。我们的文明依赖于成百上千个相互连接的软件应用，其中每个应用就算没有千万行代码也有十万行代码。人类构建的其他装置可没有这么多可移动部件。

每个应用都由极度恐惧变更的开发组支持。这件事很讽刺，因为软件存在的全部理由就是让我们能够轻易改变机器的行为。

但软件开发者们知道，每个改动都有导致崩溃的风险，而且那种风险极难侦测和修复。

设想你正看着屏幕，屏幕上是纠缠不清的代码。我敢确定，你大概很容易就会明白，这就是我们中的大多数人的日常。

假设你看着那些代码，有那么一瞬间产生了稍稍清理一下的念头。但下一个念头立刻如同雷神索尔的铁锤般砸下来："我才不要动它！"因为你知道，一动它，就会破坏它；一旦破坏了它，你就得永远背负它。

这是一种恐惧反应。你害怕自己维护的代码。你害怕破坏它所导致的后果。

这种恐惧的结果是代码必然腐坏。谁也清理不了。谁也改进不了。当不得不修改时，一定会按照对程序员安全而非对系统最好的方式来修改。设计会降级，代码会持续腐坏，团队生产力会持续下降到接近于零。

问问自己，是否曾被系统中的烂代码拖慢进度？当然一定会有。现在你知道为什么烂代码会存在了。没人敢动手做那件能够改进它的事！没人敢冒险清理它。

勇气

但如果你有一套测试集，只要通过测试，你就有信心部署系统，又会怎样？如果测试集在几秒钟内就能执行完会怎样？你还会那么害怕对系统做轻微修改吗？

想想你屏幕上的代码，想想你清理一下代码的念头，还有什么能阻止你？你有测试在手。当你搞坏了什么东西时，测试立即会告诉你。

有了测试集，就能安全地清理代码。有了测试集，就能安全地清理代码。有了测试集，就能安全地清理代码。

这可不是笔误。我想特别特别强调上述观点。有了测试集，就能安全地清理代码！

而只要能安全地清理代码，你就会去清理代码。对于团队中其他人也一样。没人爱混乱。

童子军军规

有了你在职业生涯中都可资信赖的测试集,你就能安全地遵守以下规则:

签入的代码要比你签出的代码更整洁。

想想看,每个人都这么做的情形。在签入代码前,他们对代码做了一点点好事。他们做了一点点清理工作。

想想看,如果每个人都签入了更整洁的代码,会怎样?没人签入更糟的代码,人人签入更好的代码。

维护这样一个系统会是怎样的工作呢?如果系统越来越整洁,工期预估和日程安排会有什么变化?缺陷列表会有多长?还会需要一套自动化数据库来维护缺陷列表吗?

这就是理由

保持代码整洁。持续清理代码。这就是你采用 TDD 的理由。采用 TDD,我们就能以自己的工作为荣。看向代码,就知道它整洁如新。我们会知道,每次动代码,代码都会变得比之前更好。于是,我们晚上回到家,就能对镜微笑,知道自己今天干得很棒。

第四法则

关于重构,后续章节中将多有谈及。现在,且断言,重构是 TDD 的第四法则。

从三法则很容易看出,TDD 循环就是编写会失败的极少量测试代码,然后编写令测试通过的极少量生产代码。可以类比为在几秒内就在红绿色之间切换的交通灯。

但如果我们让这样的循环持续下去,测试代码和生产代码就会迅速变差。为什么?因为人类并不善于一心二用。如果专注于写会失败的测试,通常写不出好测试。如果专注于写能通过测试的生产代码,同样也写不出像样的生产代码。专注于行为,往往就不能专注于结构。

别骗自己了。一心不能二用。让代码照你想的方式运行不是件易事。兼顾行为与结构太困难了。

所以我们听从肯特·贝克的建议：

先让它能跑，再把它做好。

这样我们就增加了一条 TDD 法则：重构法则。先写一点点会失败的测试代码，随后写一点点能通过测试的生产代码，然后清理刚写的那些混乱代码。

交通灯有了个新颜色：红灯→绿灯→重构（见图2.1）。

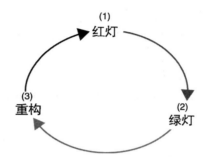

图2.1　红灯→绿灯→重构

你大概听说过重构。如上文所言，后续章节将花大量时间讨论重构。眼下，且让我先澄清一些迷思与误解。

- 重构是一种持续行为。每走一圈 TDD 循环，你都会做清理工作。
- 重构不改变代码行为。测试通过后才做重构。在重构时，测试一直能通过。
- 重构不会列在日程表或计划里面。不需要专门留时间做重构。你无须申请到授权才做重构。你会一直做重构。

不妨将重构比作上完卫生间后洗手。那就是一种你始终会做的体面行为。

基础知识

很难用文字写出有效的 TDD 范例。TDD 的节奏不太好表达。后文将尝试用合适的时间戳和标注来传达那种节奏。但要想真正体会，你得看到过程。

所以，对于后面提到的每个示例，我都准备了线上视频供你观看。这些视频有助于你直观地看到 TDD 的节奏。对于每个示例，请先看完视频，然后再回来看文字描述，阅读带时间戳的详解。如果看不了视频，请特别留意示例中的时间戳，体会那种节奏。

简单示例

你有可能会小看下列示例，因为它们既小又简单。或许你会得出 TDD 可能对这类"闹着玩儿"的例子有效，但在复杂系统中却是没用的结论。那就大错特错了。

优秀软件设计者的首要目标是将，大型和复杂的系统切分为一系列简单小问题。程序员的工作就是将这些系统切分为一行行代码。所以，下列示例绝对能代表 TDD，这与项目规模无关。

我个人对此非常认同。我见过用 TDD 构建的大型系统。就我的经验而言，TDD 的节奏及技巧和项目规模无关。规模不是问题。

也可以说，规模和过程、节奏无关。不过，项目规模会深刻影响测试的速度和耦合度。这些我们在稍后章节中讨论。

栈

观看相关视频：栈。

从非常简单的问题开始吧：创建一个整数栈。注意，在解决问题的过程中，测试回答了有关栈行为的所有问题。这个示例展示了测试作为文档的价值。还应注意，为了让测试通过，我们塞了一些绝对值进去。这是个常见的 TDD 技巧，有着非常重要的功用。后面再详述。

现在开始：

```
// T: 00:00 StackTest.java
package stack;
```

```
import org.junit.Test;

public class StackTest {
    @Test
    public void nothing() throws Exception {
    }
}
```

总是在一开始写一个什么都不做的测试，确保这个测试通过，这是个好做法。这样做就能确认执行环境正常。

然后，我们需要解决测试什么的问题。目前还没有代码，应该测试什么呢？

答案很简单。假设我们已经知道 public class stack 中要写的代码。但是现在还写不了，因为我还没有写注定会失败的测试。遵循第一法则，先写个测试，好让自己写出业已知道需要写的代码。

> 规则 1：先编写测试，能逼着你写出已知道自己要写的代码。

这就是许多规则中的第一条。那些"规则"更像是启示。在后面的示例中，我会逐步一点点抛出来。

规则 1 不像火箭科技那样难。如果你能写出一行代码，你必能写出针对这行代码的测试，而且可以先写测试再写代码。

于是得到：

```
// T:00:44 StackTest.java
public class StackTest {
    @Test
    public void canCreateStack() throws Exception {
        MyStack stack = new MyStack();
    }
}
```

我使用**粗体字**表示修改了的代码，高亮表示不能编译的代码。取名 `MyStack`，是因为 Java 环境中已经有 `Stack` 关键字。

注意，在代码片段中，我们修改了测试的名称来表达意图：我们能创建一个栈。

因为 `MyStack` 不能编译，我们最好遵守第二法则来创建它。根据第三法则，我们最好不要写超出所需的代码。

```
// T: 00:54 Stack.java
package stack;

public class MyStack {
}
```

10 秒钟过去了。测试编译成功并通过了。在刚开始写这个示例时，这 10 秒钟的大部分时间用来重排屏幕，好让我能同时看到两个文件。我的屏幕看起来就像是图 2.2 所示。左边是测试，右边是生产代码。我一般都这么安排。像设计房屋布局一样设计屏幕布局，结果很不错。

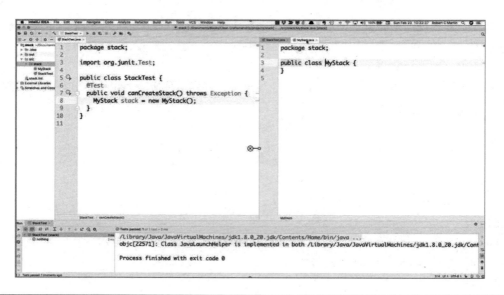

图2.2　重排屏幕

MyStack 不是个好名字。取这个名字的原因仅仅是避免名称冲突。MyStack 是在 stack 包里声明的,那就将它改成 stack 吧。这花了 15 秒钟。测试依旧通过。

```
// T:01:09 StackTest.java
public class StackTest {
    @Test
    public void canCreateStack() throws Exception {
      Stack stack = new Stack();
    }
}

// T: 01:09 Stack.java
package stack;

public class Stack {
}
```

这里我们看到了另一条规则。红灯→绿灯→重构。永远不要错过清理机会。

规则 2:让测试失败。让测试通过。清理代码。

编写能工作的代码已经足够困难。编写能工作的整洁代码更加困难。还好我们可以分两步来做。先写能工作的烂代码,如果有测试的话,就能在保证其继续工作的同时轻松地清理代码。

这样一来,每走一次 TDD 循环,我们就得到机会清理之前可能造成的小混乱。

你可能已经发现,我们的测试没有真正断言任何行为。它编译,然后通过测试,但对于新创建的栈,没有任何断言。我们花 15 秒钟就能修正这个问题:

```
// T: 01:24 StackTest.java
public class StackTest {
    @Test
    public void canCreateStack() throws Exception {
       Stack stack = new Stack();
```

33

```
    assertTrue(stack.isEmpty());
  }
}
```

第二法则起作用了。我们最好让这东西成功编译。

```
// T: 01:49
import static junit.framework.TestCase.assertTrue;

public class StackTest {
  @Test
  public void canCreateStack() throws Exception {
    Stack stack = new Stack();
    assertTrue(stack.isEmpty());
  }
}

// T: 01:49 Stack.java
public class Stack {
    public boolean isEmpty() {
        return false;
    }
}
```

25 秒钟之后，这段代码编译成功，但是测试却失败了。这次是故意失败的。我们特意让 isEmpty 返回 false。这么做的原因是，第一法则说测试必须失败——但第一法则为什么会这样要求？因为当测试应当失败时，我们就能看到它失败。我们测试了自己的测试。或者说，我们测试了一半自己的测试。修改 isEmpty 返回值为 true，我们就能测试另一半。

```
// T: 01:58 Stack.java
public class Stack {
    public boolean isEmpty() {
        return true;
    }
}
```

9 秒钟后，测试通过。我们花了 9 秒钟确认测试既能失败又能通过。

程序员们先看到那个 `false`，又看到那个 `true`，常常会大笑起来，因为这两个返回值看上去很蠢，像是在作弊。其实并非作弊，也不愚蠢。我花了几秒钟来确认测试在该通过时通过，在该失败时失败。何乐而不为呢？

下一个测试是什么？嗯，我们知道需要写 `push` 函数。根据规则 1，我们先写个测试，迫使自己写 `push` 函数。

```java
// T 02:24 StackTest.java
@Test
public void canPush() throws Exception {
    Stack stack = new Stack();
    stack.push(0);
}
```

不能编译。根据第二法则，我得写生产代码，好让编译成功。

```java
// T: 02:31 Stack.java
public void push(int element) {

}
```

编译当然成功了，然而，我们的测试没有断言。最明显的断言是，`push` 一次之后，栈不为空。

```java
// T: 02:54 StackTest.java
@Test
public void canPush() throws Exception {
    Stack stack = new Stack();
    stack.push(0);
    assertFalse(stack.isEmpty());
}
```

当然，这个测试失败了，因为 isEmpty 返回了 true。我们需要做一点儿更聪明的事——比如，创建代码来检测布尔值标识是否为空。

```java
// T: 03:46 Stack.java
public class Stack {
    private boolean empty = true;

    public boolean isEmpty() {
        return empty;
    }

    public void push(int element) {
        empty = false;
    }
}
```

这次通过了。距离上一次测试通过过去了 2 分钟。根据规则 2，我们需要做清理工作。创建栈的重复代码让我不舒服。我们将栈抽离出来，作为类的字段来做初始化。

```java
// T: 04:24 StackTest.java
public class StackTest {
    private Stack stack = new Stack();

    @Test
    public void canCreateStack() throws Exception {
        assertTrue(stack.isEmpty());
    }

    @Test
    public void canPush() throws Exception {
        stack.push(0);
        assertFalse(stack.isEmpty());
    }
}
```

这项工作花了 30 秒钟。测试依旧通过。

对于这个测试，canPush 是个相当坏的名字。

```
// T: 04:50 StackTest.java
@Test
public void afterOnePush_isNotEmpty() throws Exception {
    stack.push(0);
    assertFalse(stack.isEmpty());
}
```

这样会好一点儿。当然还是测试通过。

好了。回到第一法则。如果我们 push 一次，再 pop 一次，栈应该变空：

```
// T: 05:17 StackTest.java
@Test
public void afterOnePushAndOnePop_isEmpty() throws Exception {
    stack.push(0);
    stack.pop()
}
```

pop 不能编译，第二法则介入。所以，

```
// T: 05:31 Stack.java
public int pop() {
    return -1;
}
```

然后遵循第三法则完成测试。

```
// T: 05:51
@Test
public void afterOnePushAndOnePop_isEmpty() throws Exception {
```

```
    stack.push(0);
    stack.pop();
    assertTrue(stack.isEmpty());
}
```

测试失败。因为没有将 empty 标识设置为 true。所以，

```
// T: 06:06 Stack.java
public int pop() {
    empty = true;
    return -1;
}
```

当然，这样就能通过了。距离上一次测试通过，花费了 76 秒钟。

没什么可清理的了。再回到第一法则。两次 push 之后，栈的尺寸应该为 2。

```
// T: 06:48 StackTest.java
@Test
public void afterTwoPushes_sizeIsTwo() throws Exception {
    stack.push(0);
    stack.push(0);
    assertEquals(2, stack.getSize());
}
```

编译出错，第二法则介入。很容易修正。我们将必需的 import 语句添加到测试，再将下列函数添加到生产代码。

```
// T: 07:23 Stack.java
public int getSize() {
    return 0;
}
```

编译成功，但测试失败了。

当然，很容易让测试通过。

```
// T: 07:32 Stack.java
public int getSize() {
    return 2;
}
```

这看起来也很蠢。不过，我们看到测试能够正常地先失败再通过，这只花了 11 秒钟。如上文所言，何乐而不为呢？

然而，这个方案显然天真了。根据规则 1，我们修改测试，逼自己写出更好的方案。当然，我们搞出问题来了（全怪我）。

```
// T: 08:06 StackTest.java
@Test
public void afterOnePushAndOnePop_isEmpty() throws Exception {
    stack.push(0);
    stack.pop();
    assertTrue(stack.isEmpty());
    assertEquals(1, stack.getSize());
}
```

是的，真愚蠢。但程序员们时常会犯愚蠢的错误，我也不例外。当我第一次写这个示例时，没有立即发现这个问题，因为测试如我所期望的那样失败了。

所以，鉴于测试本身没问题，我们来改一下代码，希望测试能通过。

```
// T: 08:56
public class Stack {
    private boolean empty = true;
    private int size = 0;

    public boolean isEmpty() {
        return size == 0;
    }
```

```java
    public void push(int element) {
        size++;
    }

    public int pop() {
        --size;
        return -1;
    }

    public int getSize() {
        return size;
    }
}
```

出乎意料,测试失败了。稍加查看,我发现并修正了测试中的错误。这样做:

```java
// T: 09:28 StackTest.java
@Test
public void afterOnePushAndOnePop_isEmpty() throws Exception {
    stack.push(0);
    stack.pop();
    assertTrue(stack.isEmpty());
    assertEquals(0, stack.getSize());
}
```

测试全部通过。距离上次测试通过花了 3 分 22 秒。

为了完整起见,我在另一个测试里添加了尺寸检查。

```java
// T: 09:51 StackTest.java
@Test
public void afterOnePush_isNotEmpty() throws Exception {
    stack.push(0);
    assertFalse(stack.isEmpty());
    assertEquals(1, stack.getSize());
}
```

当然，测试通过了。

回到第一法则。如果对空栈执行 pop 操作会怎样？我们应该会得到一个下溢异常。

```
// T: 10:27 StackTest.java
@Test(expected=Stack.Underflow.class)
public void poppingEmptyStack_throwsUnderflow() {
}
```

按照第二法则要求，添加该异常。

```
// T: 10:36 Stack.java
public class Underflow extends RuntimeException {
}
```

现在就可以完成测试了。

```
// T: 10:50 StackTest.java
@Test(expected = Stack.Underflow.class)
public void poppingEmptyStack_throwsUnderflow() {
    stack.pop();
}
```

当然，测试会失败，但很容易令它成功。

```
// T: 11:18 Stack.java
public int pop() {
  if (size == 0)
    throw new Underflow();
  --size;
  return -1;
}
```

测试通过。距离上次测试通过，花费了 1 分 27 秒。

回到第一法则,栈应该要记得 push 进去什么。试试最简单的情形。

```
// T: 11:49 StackTest.java

@Test
public void afterPushingX_willPopX() throws Exception {
    stack.push(99);
    assertEquals(99, stack.pop());
}
```

测试失败,因为 pop 现在返回-1。改成返回 99,测试通过。

```
// T: 11:57 Stack.java
public int pop() {
  if (size == 0)
    throw new Underflow();
  --size;
  return 99;
}
```

显然还不足够。根据规则 1,我们在测试中添加足够的代码,迫使我们更聪明一些。

```
// T: 12:18 StackTest.java
@Test
public void afterPushingX_willPopX() throws Exception {
    stack.push(99);
    assertEquals(99, stack.pop());
    stack.push(88);
    assertEquals(88, stack.pop());
}
```

测试失败,因为我们返回了 99。添加一个字段,记录上一次 push。

```
// T: 12:50 Stack.java
public class Stack {
```

```
    private int size = 0;
    private int element;

    public void push(int element) {
        size++;
        this.element = element;
}

    public int pop() {
        if (size == 0)
          throw new Underflow();
        --size;
        return element;
    }
}
```

测试通过。距离上次测试通过，花费了 92 秒钟。

看了这么多代码，你大概已经很累了。你也许甚至会大叫起来，要我别再折腾，直接写那个栈就好。但实际上，我一直在遵循规则 3。

　　规则 3：别挖金子。

当刚开始尝试 TDD 时，你会急于去解决较难或比较有趣的问题。比如写栈，可能会先测试先入后出（FILO）行为。这就叫作"挖金子"。你会留意，我有意避免测试与栈行为有关的东西，专注于测试周边行为，例如，栈是否为空以及大小，等等。

为什么我一直不去"挖金子"？规则 3 为何会存在？因为如果太早去"挖金子"，就有可能忽略周边所有细节。如你很快看到的，也会失去这些周边细节带来的简化机会。

无论如何，第一法则都起作用了。我得先写一个注定失败的测试。毫无疑问，就是 FILO 行为测试。

// T: 13:36 StackTest.java

```
@Test
public void afterPushingXandY_willPopYthenX() {
    stack.push(99);
    stack.push(88);
    assertEquals(88, stack.pop());
    assertEquals(99, stack.pop());
}
```

测试失败。要让它通过,我需要记住不止一个值。所以我们大概得用上数组。我将这部分代码命名为 elements,将其定义为数组。

```
// T: 13:51 Stack.java
public class Stack {
    private int size = 0;
    private int[] elements = new int[2];

    public void push(int element) {
        size++;
        this.elements = element;
    }

    public int pop() {
        if (size == 0)
          throw new Underflow();
        --size;
        return elements;
    }
}
```

哦,会提示编译错误。一个一个地来。函数 push 中的变量 elements 需要加括号。

```
// T: 14:01 Stack.java
public void push(int element) {
    size++;
```

```
    this.elements[] = element;
}
```

括号里面要放点东西。嗯，就是上面代码片段的 size++。

```
// T: 14:07 Stack.java
public void push(int element) {
    this.elements[size++] = element;
}
```

同样，pop 中的 elements 也要加括号。看！

```
// T: 14:13
public int pop() {
  if (size == 0)
    throw new Underflow();
  --size;
  return elements[];
}
```

看，那个 --size 放在这儿正合适。

```
// T: 14:24
public int pop() {
  if (size == 0)
    throw new Underflow();
  return elements[--size];
}
```

测试再次通过。距离上次测试通过，花费了 94 秒钟。

工作完成。哦，也许还有些其他事可以做。栈里只能容纳两个元素，而且没有处理溢出问题，但对于本例要展示的内容而言已经足够了。请读者自行练习改进吧。

我们花了 14 分 24 秒来从头写这个整数栈。你见到的节奏是真实节奏，也是典型的节奏。这就是 TDD 的感觉，与项目大小无关。

练习

请使用上述技巧实现一个先进先出的整数队列。你大概会需要两个指针来跟踪元素的添加位置与移除位置。完成任务后，你会发现自己实现了一个环形缓冲区。

质因数

观看相关视频：质因数。

接下来的例子既是件真事，也是个教训。这件事发生在 2002 年前后。当时我已使用 TDD 好几年，正在学习 Ruby。我儿子贾斯汀（Justin）放学回家，请我帮他解决家庭作业难题。这道题要求找出一组整数的质因数。

我让贾斯汀试试自己解题，然后用我帮他写的一个小程序来检查结果。他回到房间，我在餐桌上打开笔记本电脑，开始思考怎么写查找质因数的算法。

我决定采用埃式筛选法（Sieve of Eratosthenes）生成一列质数，然后做切分。当要开始编码时，我突然想到，不如先写测试，看看会发生什么。

我遵循 TDD 循环，着手写测试，再让它们通过。以下是过程实录。

条件允许的话，请先看视频。视频展示了很多无法用文字描述的细节。在文字描述中，我将略去那些乏味的时间戳和编译错误等信息，只展示测试和代码的递增过程。

我们从最明显、最基本的部分开始。根据以下规则：

> 规则 4：先写最简单、最具体、最基本，且易失败的测试。

最基本的情况是 1 的质因数。最基本的失败方案是简单地返回 `null` 值。

```java
public class PrimeFactorsTest {
    @Test
    public void factors() throws Exception {
        assertThat(factorsOf(1), is(empty()));
    }

    private List<Integer> factorsOf(int n) {
        return null;
    }
}
```

注意，我在测试类中放了要测试的函数，这并不常见，但对于本例来说比较方便，能避免在两个源代码文件间跳来跳去。

测试失败了，但很容易就能让它通过，只要简单地返回空列表。

```java
private List<Integer> factorsOf(int n) {
    return new ArrayList<>();
}
```

当然，这次通过了。下一个最基本的测试是 2 的质因数。

```java
assertThat(factorsOf(2), contains(2));
```

又失败了，还是很容易让它通过。这就是我们先写基本测试的理由之一，很容易就能让它们通过。

```java
private List<Integer> factorsOf(int n) {
    ArrayList<Integer> factors = new ArrayList<>();
    if (n > 1)
        factors.add(2);
    return factors;
}
```

在视频中，这些操作被分为两步。第一步，将 `new ArrayList<>()` 抽取为 `factors` 变量。第二步，添加 `if` 语句。

之所以强调这是两个步骤，因为要遵守规则 5。

> 规则 5：能泛化时就泛化。

最初的 `new ArrayList<>()` 常量非常具体。可以通过将它放入可操作的变量来泛化。这个泛化操作很轻微，但常常有必要做轻微的泛化。

测试再次通过。下一个最基本的测试导致了奇特结果。

```
assertThat(factorsOf(3), contains(3));
```

测试失败了。规则 5 要求我们做泛化。有一种简单泛化操作可以令测试通过。结果出人意表。你得仔细查看，否则就会看走眼。

```java
private List<Integer> factorsOf(int n) {
    ArrayList<Integer> factors = new ArrayList<>();
    if (n > 1)
        factors.add(n);
    return factors;
}
```

我坐在餐椅上，惊异不已。只不过是用变量替代常量的简单文字修改。只不过是个小小的泛化操作，就让新测试通过，且既有测试也全能通过。

我正要说一切顺利，但是，下一个测试就令人失望了。测试本身很清楚：

```
assertThat(factorsOf(4), contains(2, 2));
```

但如何通过泛化来解决它？我想不出方法。我能想到的唯一方案就是测试 n 是否能被 2 整除，这不是很通用。不过：

```java
private List<Integer> factorsOf(int n) {
    ArrayList<Integer> factors = new ArrayList<>();
    if (n>1) {
        if (n%2 == 0) {
            factors.add(2);
            n /= 2;
        }
        factors.add(n);
    }
    return factors;
}
```

它不仅不够通用,还令上一个测试也失败了。当测试 2 的质因数时就会失败。原因应该很清楚。n 减去 2 的系数后,就变成了 1,然后会被放入列表中。

用甚至更不通用的代码可以解决这个问题。

```java
private List<Integer> factorsOf(int n) {
    ArrayList<Integer> factors = new ArrayList<>();
    if (n > 1) {
        if (n % 2 == 0) {
            factors.add(2);
            n /= 2;
        }
        if (n > 1)
            factors.add(n);
    }
    return factors;
}
```

你可能会指责我为了让测试通过搞了那么多 if 进来。事实大抵如此。你可能还会指责我违反了规则 5,因为上面这些代码都不是特别通用。但我没有其他办法。

不过这里有个泛化的线索。注意,两个 if 语句都有相同的判断条件,如同它们是循环中的两个部分一样。实际上，第 2 个 `if` 语句没理由放在第 1 个里面。

```
private List<Integer> factorsOf(int n) {
    ArrayList<Integer> factors = new ArrayList<>();
    if (n > 1) {
        if (n % 2 == 0) {
            factors.add(2);
            n /= 2;
        }
    }
    if (n > 1)
      factors.add(n);
    return factors;
}
```

测试通过，而且看起来很像一个循环。

后面三个测试不需要经过修改就通过了。

```
assertThat(factorsOf(5), contains(5));
assertThat(factorsOf(6), contains(2,3));
assertThat(factorsOf(7), contains(7));
```

这说明我们走对了路子，而且那些丑陋的 `if` 语句看起来顺眼多了。

下一个最基本测试是 8 的质因数。鉴于我们的方案代码根本不能在列表中放进三个元素，测试注定失败。

```
assertThat(factorsOf(8), contains(2, 2, 2));
```

让它通过的方法再次出乎意外。借助规则 5 的威力，我们将其中一个 `if` 改为 `while`。

```
private List<Integer> factorsOf(int n) {
    ArrayList<Integer> factors = new ArrayList<>();
    if (n > 1) {
```

```
        while (n % 2 == 0) {
            factors.add(2);
            n /=  2;
        }
    }
    if (n > 1)
        factors.add(n);
    return factors;
}
```

我坐在餐椅上，又一次大为吃惊。在我看来，这里面蕴含着某种意义深远的东西。当时我不知那是什么。不过现在我知道了，那就是规则 5。`while` 是 `if` 的通用形式，而 `if` 则是 `while` 的基本形式。

下一个测试，9，一定会失败，因为我们的方案中没有析出因数 3。

```
assertThat(factorsOf(9), contains(3, 3));
```

要解决这个问题，需要析出 3。可以这样做：

```
private List<Integer> factorsOf(int n) {
    ArrayList<Integer> factors = new ArrayList<>();
    if (n > 1) {
        while (n % 2 == 0) {
            factors.add(2);
            n /= 2;
        }
        while (n % 3 == 0) {
            factors.add(3);
            n /= 3;
        }
    }
    if (n > 1)
        factors.add(n);
```

```
        return factors;
}
```

但这样做太可怕了。不仅严重违反规则 5，还存在大量重复代码。两种违规都很严重！

这就是泛化箴言的用武之地了：

> 测试越具体，代码越通用。

每次增加新的测试，测试集就更具体。每次引入规则 5，方案代码就更通用。稍后再来讨论这条箴言。测试设计极其重要，规避碎片化测试也极其重要。

将最初的析因代码放到一个循环中，就能消灭重复和违反规则 5 的代码。

```
private List<Integer> factorsOf(int n) {
    ArrayList<Integer> factors = new ArrayList<>();
    int divisor = 2;
    while (n > 1) {
        while (n % divisor == 0) {
            factors.add(divisor);
            n /= divisor;
        }
        divisor++;
    }
    if (n > 1)
        factors.add(n);
    return factors;
}
```

再一次，如果你看视频，就会发现操作分了好几个步骤。第一步是将三个 2 抽取到变量 divisor 中。第二步是添加 divisor++ 语句。然后，对 divisor 的初始化移到了 if 语句的上方。最后，将 if 改成 while。

把 if 改成 while 的操作又进行了一次。你有没有注意到，最初那个 if 语句的判断条件成了外面那个 while 循环的判断条件？我认为这令人吃惊。这里头有一些遗传因素，仿佛是我从一粒种子开始创造生命，它一点点变异，然后逐渐演化。

注意，底部的 if 语句变得多余了。循环终止的唯一条件是 n 等于 1。这个 if 语句实际上就是循环的终止条件！

```
private List<Integer> factorsOf(int n) {
    ArrayList<Integer> factors = new ArrayList<>();
    int divisor = 2;
    while (n > 1) {
        while (n % divisor == 0) {
            factors.add(divisor);
            n /= divisor;
        }
        divisor++;
    }

    return factors;
}
```

稍做重构，可以得到以下代码：

```
private List<Integer> factorsOf(int n) {
    ArrayList<Integer> factors = new ArrayList<>();

    for (int divisor = 2; n > 1; divisor++)
        for (; n % divisor == 0; n /= divisor)
            factors.add(divisor);

    return factors;
}
```

工作结束了。从视频中可以看到，我又加了一个测试，确保算法完足。

我坐在餐椅上，看着屏幕，想到两个问题。这些算法怎么来的？工作原理是什么？

显然它们来自我的大脑，是我的手指做的键入，但显然不是我一开始计划实现的算法。埃式筛法去哪儿了？质数列表呢？这些全都不存在！

更糟的是，这个算法为何能工作？我创造了一个能工作的算法，却不知其机理，这令我大为震惊。我得好好琢磨一会儿才能搞清楚。我不理解的是外循环中的 `divisor++` 递增操作。这个操作能保证包括合数在内的每个整数都能作为因数来检查。对于整数 12，递增操作将检查 4 是否为其因数。那么，为何不将 4 放在列表中呢？

当然，原因在于执行顺序。当递增到 4 时，所有的 2 都从 n 中被移除了。稍微想想就知道，这就是埃式筛法，但与通常所见的埃式筛法大为不同。

最关键的是，我用一个个测试推导出这个算法，而不是一开始就想得明明白白。在刚开始时，我甚至不知道算法最后会是什么样子。它几乎是在我眼前，自己成型，如同一个胚胎，一点点演化为更复杂的生物。

即便到了这一步，仍然能看到开始时的笨拙代码，能看到最初 `if` 语句的残迹，以及所有那些修改留下的碎片。"面包屑"举目皆是。

而我们也意识到一种令人不安的可能性。也许，TDD 是一种逐步推导算法的通用技术。也许，有了一套顺序得当的测试集，我们就能用 TDD 来一步步地、确定地推导出任何计算机程序。

1936 年，阿兰·图灵和阿隆佐·丘奇分别证明，对于任意问题是否有程序可以解决，并无一般过程可资判断。[1]基于这个结论，他们分别发明了过程式编程和函数式编程。现在看来，TDD 像是推导出解决可以解决的问题的算法的一般程序。

---

1 这就是希尔伯特（Hilbert）的所谓"可决问题"（Decidability Problem）。他问到，对于任意丢番图方程，是否有一般方法可以证明其可被解决。丢番图方程是输入和输出都为整数的数学函数。计算机程序也是输入和输出都为整数的数学函数。所以，希尔伯特的问题也能用与计算机程序相关的方式来描述。

保龄球局

1999 年，鲍勃·考斯（Bob Koss）和我同去参加一个 C++技术会议。在此期间有一些空闲时间，我们决定实操一下关于 TDD 的新想法。我们用计算保龄球得分的简单问题来做实操对象。

每局保龄球比赛有十个回合。每个回合中，选手有两次机会将球掷出，使其沿木质球道滚向十个木瓶，以期击倒这些木瓶。每次掷球击倒的木瓶数量记为该次击球的得分。如果每回合中第一次掷球就击倒全部木瓶，就叫作"全中"（strike）。如果两次掷球才击倒全部木瓶，就叫作"补中"（spare）。地沟球（见图 2.3）则一分也得不到。

图2.3　地沟球

简言之，得分规则如下：

- 全中时，得分为 10 分再加上后续两次掷球的得分。
- 补中时，得分为 10 分再加上后续一次掷球的得分。
- 否则，得分是本回合中两次掷球得分之和。

图 2.4 所示的得分板展示了一局保龄球的常见得分（虽然选手的表现有点不稳定）。

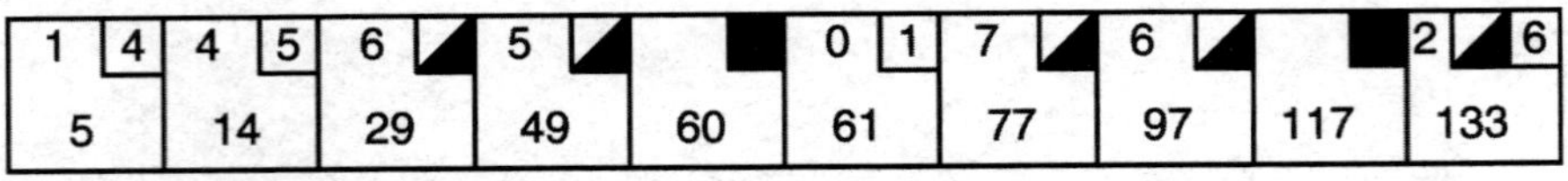

1	4	4	5	6	/	5	/	■	0	1	7	/	6	/	■	2	/	6
5		14		29		49		60		61		77		97		117		133

图 2.4 典型的球局得分

选手首次掷球击倒 1 个木瓶。第二次掷球再击倒 4 个木瓶，共得 5 分。

第二回合，他先击倒 4 个木瓶，再击倒 5 个木瓶，得到 9 分，加上前一个回合的 5 分，总共得到 14 分。

第三回合，他两次掷球分别得 6 分和 4 分——补中。本回合总分直至该选手下一回合掷球时才能得出。

第四回合，选手击倒 5 个木瓶。这样就可以算出上一回合得分，即 15 分，前三回合总分 29 分。

第四回合补中，得分要看第五回合情况。第五回合全中，所以第四回合得 20 分，总分 49 分。

第五回合全中，得分要看第六回合掷球情况才能算出。选手运气不好，第六回合只掷出 0 分和 1 分，所以第五回合只得了 11 分，总分 60 分。

如此逐回进行，直至第十回合。本回合中，选手掷出补中，按规则可以再掷一次。

作为优秀的面向对象程序员，你会用哪些类和关系来表示保龄球计分计算问题呢？你能画出 UML 图 [1] 吗？

也许你会像图 2.5 所示这样画。

---

[1] 统一建模语言（The Unified Modeling Language）。如果你不懂 UML，不必担心——不过是一些箭头和矩形而已，看了图后的描述就能明白。

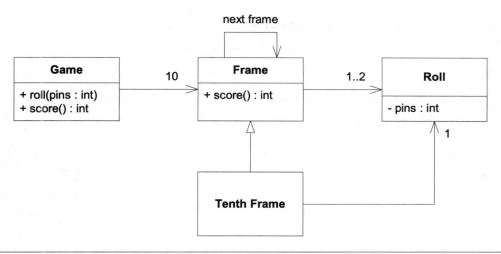

图2.5 保龄球计分的UML图

Game（球局）有 10 个 Frame（回合）。每个 Frame 有一次或两次 Roll（掷球），TenthFrame 子类（增加一次掷球）有两次或三次掷球。每个 Frame 对象指向下一个 Frame，这样 score 函数就能回溯，计算补中或全中的得分。

Game 有两个函数。选手每次掷球都调用 roll 函数，用于输出选手击倒的木球数。所有掷球结束后，调用 score 函数，返回总得分。

这个面向对象模型优良又简洁，应当很容易编写代码。实际上，如果有一个四人团队，就能将工作切分成四个类来分别编程，再花上一天时间碰头集成，将其运行起来。

或者，我们也可以采用 TDD。如果你能够看到视频，就立即去看。但看不看视频都请读完文字描述。

观看视频：保龄球。

老规矩，先写个什么都不做的测试，只用来证实我们能够编译和执行。只要测试能运行起来，就删掉它。

```
public class BowlingTest {
   @Test
```

```
    public void nothing() throws Exception {}
}
```

下一步，断言我们能够创建 Game 类的实例。

```
@Test
public void canCreateGame() throws Exception {
    Game g = new Game();
}
```

用 IDE 创建类，编译成功，测试通过。

```
public class Game {
}
```

下一步，看看是否能掷球。

```
@Test
public void canRoll() throws Exception {
    Game g = new Game();
    g.roll(0);
}
```

用 IDE 创建 roll 函数，让编译成功，测试通过，给参数取个合适的名字。

```
public class Game {
    public void roll(int pins) {
    }
}
```

你可能已经感到无聊了。没有新鲜东西。别急，很快会变得有意思起来。测试中有一些重复代码。我们来移除这些重复代码。将开局的代码抽取到 setup 函数中。

```
public class BowlingTest {
    private Game g;

    @Before
    public void setUp() throws Exception {
        g = new Game();
    }
}
```

这样一来，第一个测试就完全空掉了。删掉它。第二个测试也没什么用，因为它什么也没断言。同样删掉它。这两个测试是搭梯测试（Stairstep Tests），已完成使命。

> **搭梯测试**：有些测试仅仅是用来迫使我们创建需要的类、函数或其他结构。有时，这些测试非常原始，什么也没断言。有时，这些测试会断言非常浅白的东西。这些测试常常会在稍后被更复杂的测试所替代，可以放心删除。我们把这类测试称作"搭梯测试"，因为它们就像是阶梯，让我们可以一步步增加复杂度到合适的层级。

接下来，我们打算明确自己能给球局计分。要做到这一点，需要打一整局球。记住，score 函数只能在所有球都掷完后才调用。

回到规则 4，来一场我们能设想的最初级、最简单的球局。

```
@Test
public void gutterGame() throws Exception {
    for (int i=0; i<20; i++)
      g.roll(0);
    assertEquals(0, g.score());
}
```

很容易让这个测试通过，只要在 score 函数中返回 0 就行。不过，我们先返回 -1（没展示），确认测试失败，然后返回 0，确认测试通过。

```java
public class Game {
    public void roll(int pins) {
    }

    public int score() {
        return 0;
    }
}
```

对,我说过会变得有意思起来,很快就会有意思了。只要再做一点点设置工作就好。下一个测试是规则 4 的示例。我能想到的下一个最基本测试是全部掷球得 1 分的情况。从上一个测试中复制代码就行。

```java
@Test
public void allOnes() throws Exception {
  for (int i=0; i<20; i++)
    g.roll(1);
  assertEquals(20, g.score());
}
```

这样做会导致出现重复代码。刚才这两个测试的代码几乎完全相同。重构时需要修正。不过,我们得先让测试通过。很容易。累计掷球得分就可以了。

```java
public class Game {
    private int score;

    public void roll(int pins) {
        score += pins;
    }

    public int score() {
        return score;
    }
}
```

当然，这不是保龄球计分的正确算法。要看到算法如何演化成符合保龄球计分规则的样子，确实很难。所以我有所怀疑，感觉后面的测试会出大问题。不过，现在得先重构。

测试中的重复代码可以通过抽取 `rollMany` 函数来消除。IDE 的 Extract Method 功能助力甚大，能自动检测和替换重复代码。

```
public class BowlingTest {
    private Game g;

    @Before
    public void setUp() throws Exception {
        g = new Game();
    }

    private void rollMany(int n, int pins) {
        for (int i = 0; i < n; i++) {
            g.roll(pins);
        }
    }

    @Test
    public void gutterGame() throws Exception {
        rollMany(20, 0);
        assertEquals(0, g.score());
    }

    @Test
    public void allOnes() throws Exception {
        rollMany(20, 1);
        assertEquals(20, g.score());
    }
}
```

好了，下一个测试。这时已经不太能想得出基本情况了。所以，可以开始尝试补中。还是从简单的开始：一次补中，一次奖励掷球，其余掷球都没得分。

```
@Test
public void oneSpare() throws Exception {
    rollMany(2, 5); // spare
    g.roll(7);
    rollMany(17, 0);
    assertEquals(24, g.score());
}
```

检查下代码逻辑：每回合两个球。整局游戏的前两个球掷出补中。然后掷一球。后面的 17 个球都没得分。

第一回合得了 17 分，也就是 10 分加上下一回合的 7 分。整局游戏的得分为 24 分，因为 7 被计算了两次。就当这局球的得分是真的吧。

当然，测试失败了。如何令测试通过？来看看代码：

```
public class Game {
    private int score;

    public void roll(int pins) {
        score += pins;
    }

    public int score() {
        return score;
    }
}
```

分数是在 roll 函数中计算的。需要修改 roll 函数来计算补中的情况。但那样做的话，我们就会写出如下丑陋代码：

```
public void roll(int pins) {
    if (pins + lastPins == 10) {// horrors!
        //God knows what...
    }
```

```
    score += pins;
}
```

那个 `lastPins` 变量是 `Game` 类的字段，用来记住上一次掷球的得分。当上次掷球得分和本次掷球得分加起来为 10 分时，就是补中。对吗？啊！

你应该感到括约肌一紧。你应该感到反胃，开始有些头疼。软件匠人的觉悟会令你血压升高。

大错特错！

我们都曾经有过那种感觉，对吧？问题是，你如何应对？

当你有了那种感觉时，一定是在什么地方做错了。毋庸置疑！那什么错了呢？

这里有个设计缺陷。你也许会认为，仅仅是两行可执行代码，怎么会有设计缺陷。但确实有缺陷。堂而皇之，贻害无穷。只要我指出来，你就能立刻意识到，而且同意我的观点。你能自己找到它吗？

警钟骤鸣。

一开始我就告诉你设计缺陷在哪儿了。该类中的两个函数，哪一个从字面上看是用来计算分数的呢？当然是 `score` 函数。但实际上是用哪个函数来算分的呢？是 `roll` 函数。函数的功用被搞混了。

功用错置（Misplaced Responsibility）：一种设计缺陷，函数看起来要执行某种计算，但实际上并不执行这种计算。计算在其他地方执行。

你见过多少声称要做什么事却并没完成任务的函数？而且你对于系统中到底哪个部分会完成任务，全无头绪。怎么会这样？

这得怪聪明的程序员们。或者说，自以为聪明的程序员们。

我们很聪明地在 `roll` 函数中累计击倒瓶数，对吧？我们知道，该函数在每次掷球时就会被调用一次，我们也知道需要累加掷球得分，所以，我们随随便便地就在 roll 函数中累加得分了。聪明，聪明，聪明。这种小聪明让我们领会了规则 6。

> 规则 6：如果代码让人感觉不对，在继续之前，先修正设计问题。

如何修正这个设计缺陷？分数计算放错了地方，那就移走它。这样做，也许我们能想办法知道如何通过对补中情况的测试。

移走算分功能，意味着 roll 函数得使用数组之类手段来记住所有掷球得分。这样，score 函数就能累加数组元素。

```java
public class Game {
    private int rolls[] = new int[21];
    private int currentRoll = 0;

    public void roll(int pins) {
        rolls[currentRoll++] = pins;
    }

    public int score() {
        int score = 0;
        for (int i = 0; i < rolls.length; i++) {
            score += rolls[i];
        }
        return score;
    }
}
```

对补中情况的测试失败了，但通过了另外两个测试。测试失败的原因和之前一样。所以，虽然我们已经彻底改动了代码结构，但代码行为维持不变。这就是重构的定义。

重构：一种修改代码结构但不会引起代码行为变化的做法。[1]

---

[1] Martin Fowler, *Refactoring: Improving the Design of Existing Code*, 2nd ed. (Addison-Wesley, 2019).

现在有办法通过对补中情况的测试了吗？嗯，可能有办法，但还是让人感觉不舒服。

```java
public int score() {
    int score = 0;
    for (int i = 0; i < rolls.length; i++) {
        if (rolls[i] + rolls[i+1] == 10) {// icky
            // What now?
        }
        score += rolls[i];
    }
    return score;
}
```

这样对了吗？不对。只有当 `i` 为偶数时才成立。要确保 `if` 语句真正检测到补中的情况，得这样写：

```java
if (rolls[i] + rolls[i+1] == 10 && i%2 == 0) { // icky
```

然后，又回到了规则 6，出现了另一个设计问题。是什么问题呢？

重温本章前面部分提到的 UML 图。图中显示，`Game` 类应当有 10 个 `Frame` 实例。这种设计明智吗？看看我们的循环，它会循环 21 次！这样做合理吗？

这么说吧，如果你要复查一套保龄球计分代码——这套代码你以前没看过——你预期会在代码中看到什么数字？是 21 还是 10？

我希望你说是 10，因为每局保龄球有十个回合。我们的计分算法中哪有 10 这个数字？哪儿都没有！

如何将数字 10 放进算法？我们遍历数组，每次处理一个回合。怎么能做到？

嗯，我们可以每次处理数组中的两次掷球得分，对吧？就像这样：

```java
public int score() {
```

```
    int score = 0;
    int i = 0;
    for (int frame = 0; frame < 10; frame++) {
        score += rolls[i] + rolls[i+1];
        i += 2;
    }
    return score;
}
```

前两个测试再次通过,对补中情况的测试出于同样的原因失败了。代码行为没被改变。这就是真重构。

你大概已经准备撕掉这本书了,因为你知道,用一回合两个球的方式遍历数组大错特错。全中的回合只需要一个球,而第十回合可能会有 3 个球。

很正确。然而,截至目前,我们的测试不涉及全中和第十个回合。所以,就目前而言,每回合两个球没有问题。

现在可以通过测试了吗?是的。很容易。

```
public int score() {
    int score = 0;
    int i = 0;
    for (int frame = 0; frame < 10; frame++) {
        if (rolls[i] + rolls[i + 1] == 10) {// spare
            score += 10 + rolls[i + 2];
            i += 2;
        }else {
            score += rolls[i] + rolls[i + 1];
            i += 2;
        }
    }
    return score;
}
```

对补中情况的测试通过了。很好，但代码很丑。我们可以重命名 i 为 frameIndex，再通过抽取一个小方法来消灭难看的注释。

```java
public int score() {
    int score = 0;
    int frameIndex = 0;
    for (int frame = 0; frame < 10; frame++) {
        if (isSpare(frameIndex)) {
            score += 10 + rolls[frameIndex + 2];
            frameIndex += 2;
        }else {
            score += rolls[frameIndex] + rolls[frameIndex + 1];
            frameIndex += 2;
        }
    }
    return score;
}

private boolean isSpare(int frameIndex) {
    return rolls[frameIndex]+rolls[frameIndex + 1] == 10;
}
```

好多了。同样的做法也可以用来消灭补中情况测试里的丑陋注释。

```java
private void rollSpare() {
    rollMany(2, 5);
}

@Test
public void oneSpare() throws Exception {
    rollSpare();
    g.roll(7);
    rollMany(17, 0);
```

```
    assertEquals(24, g.score());
}
```

用小函数替代注释几乎总是好主意。以后读到这些代码的兄弟会感谢你的。

下一个测试是什么？我想我们应该尝试全中的情况了：

```
@Test
public void oneStrike() throws Exception {
   g.roll(10); // strike
   g.roll(2);
   g.roll(3);
   rollMany(16, 0);
   assertEquals(20, g.score());
}
```

姑且当这局比赛是真的。一次全中，两个奖励球，后八个回合中的 16 次掷球都得了 0 分。第一回合得 15 分，第二回合得 5 分，其余 0 分，总分 20 分。

当然，测试失败了。如何令测试通过呢？

```
public int score() {
   int score = 0;
   int frameIndex = 0;
   for (int frame = 0; frame < 10; frame++) {
      if (rolls[frameIndex] == 10) {// strike
         score += 10 + rolls[frameIndex + 1] +
                       rolls[frameIndex + 2];
         frameIndex++;
      }
      else if (isSpare(frameIndex)) {
         score += 10 + rolls[frameIndex + 2];
         frameIndex += 2;
      } else {
```

```
        score += rolls[frameIndex] + rolls[frameIndex + 1];
        frameIndex += 2;
    }
}
return score;
}
```

测试通过。注意，我们只是在 frameIndex 上加了个 1。那是因为全中回合只有一个球——之前你就是在操心这事儿，对吧？

这是个很好的例子，说明当设计正确时会发生什么。剩下的代码会慢慢归置到该在的地方。小伙们和姑娘们，请特别注意规则 6，尽早做对设计。这样做能为你省下许多时间。

可以把代码清理得更整洁些。抽取出一个叫作 **isStrike** 的函数，消灭丑陋的注释。还可以将那个丑陋的数学计算抽离到恰当命名的函数里。完成后，就像这样：

```
public int score() {
    int score = 0;
    int frameIndex = 0;
    for (int frame = 0; frame < 10; frame++) {
        if (isStrike(frameIndex)) {
            score += 10 + strikeBonus(frameIndex);
            frameIndex++;
        } else if (isSpare(frameIndex)) {
            score += 10 + spareBonus(frameIndex);
            frameIndex += 2;
        } else {
            score += twoBallsInFrame(frameIndex);
            frameIndex += 2;
        }
    }
    return score;
}
```

还可以抽取出一个叫作 rollStrike 的方法，消灭测试中的丑陋注释。

```
@Test
public void oneStrike() throws Exception {
    rollStrike();
    g.roll(2);
    g.roll(3);
    rollMany(16, 0);
    assertEquals(20, g.score());
}
```

下一个测试是什么？我们还没测试第十回合。但我对代码已颇为满意。我想，是时候违反规则 3，去"挖金子"了。来测试一个满分球局吧！

```
@Test
public void perfectGame() throws Exception {
    rollMany(12, 10);
    assertEquals(300, g.score());
}
```

前九个回合都掷出了全中，第十回合一个全中、两个 10 分。当然，总得分为 300 分——这谁都知道。

运行这个测试会发生什么？会失败，对吧？其实不然。测试通过了！测试通过，因为我们完成了全部代码！上文中的 score 函数就是解决方案。读读这个函数，你就能自己证明这一点。我来写给你看：

对于十个回合中的每一个
    如果该回合全中，
        得分为10分加上奖励球的得分
        （下两个球）
    如果该回合补中，

得分为10分加上补中得分

（下一个球）

否则，

得分为本回合两个球得分之和。

代码读起来就像是保龄球规则说明。回到本章开头，再读读那些规则。对比规则与代码，问问自己，是否见过需求与代码如此吻合的情形？

你可能会对这套做法是否能有效感到困惑。你看向第十回合的得分，看到这回合与其他回合完全不同，但我们的方案中却没有为第十回合写特别代码。怎么会这样？

答案是，第十回合根本不特别。虽然在得分板上显得特别，但计分规则却没有什么不同。第十回合没有特殊情况。

而之前我们曾打算为它设计一个子类！

回顾那个UML图。我们也可以把任务分派给三四名程序员，并在一两天后做代码整合。可悲的是代码已经可以工作。我们也可以庆祝那 400 行代码[1]运行正常，却全然不知其实计分算法就只是一个for循环和两个if语句，14 行代码绰绰有余。

你有没有更早地发现解决方案？你看到那个 for 循环和那两个 if 语句了吗？你是否曾预期那些测试推着我写了 Frame 类？你会不会为第十回合操心？会不会以为那一部分最复杂？

在运行针对第十回合的测试前，你是否知道我们已完成工作？或者你会以为还有很多事要做？我们写出一个测试，本来预期借此发现还有很多工作要做，但惊奇地发现，所有工作已经完成。很神奇，对吧？

有些伙伴抱怨说，如果我们完全遵循那张 UML 图，就能得到更容易修改和维护的代码。胡说八道！分布在 4 个类中的 400 行代码，与 1 个 for 循环 2 个 if 语句的 14 行代码，你愿意

---

[1] 我知道是 400 行代码，因为我这么写过。

维护哪一套代码？

小结

在本章中，我们学习了 TDD 的动机和基础。你大概已经晕头转向了。我们谈到了很多内容，但远远不够，下一章将更深入地探讨 TDD。所以，你也许会想先休息一下。

第3章 高级测试驱动开发

按住你的帽子。旅程将更快、更颠簸。就像莫比乌斯博士（Dr. Morbius）介绍克鲁尔机（Krell Machine）之旅时说的那样："准备好接受全新尺度的科学价值吧。"[1]

排序示例一

第 2 章"测试驱动开发"中的两个示例引出了一个有趣的问题。我们用 TDD 推演出的算法从何而来？当然算法来自我们的头脑，但并不是沿着我们熟悉的路径跑出来的。一系列失败测试把算法从我们的头脑中引出来，根本不需要从一开始就全盘想清楚。

这提出了一种可能性：TDD 可能是一种逐步递增式地为任意问题推演出算法的过程。把它想象成一个数学或几何证明。从基本的假设——退化的失败测试开始，然后，一步一步地建立问题的解决方案。

每进一步，测试就越内束和具体，但生产代码却越来越通用。如此这般，直至代码通用到你再也想不出任何会失败的测试为止。整个问题就解决了。

再来试试。这一次我们尝试推演出对数组中的整数排序的算法。

如果你能看到视频，现在正是去看看的时机。无论是否能看到，都请继续阅读以下文字。

观看视频：排序示例一。

先循例写一个什么都不做的测试。

```
public class SortTest {
  @Test
  public void nothing() throws Exception {

  }
}
```

---

[1] 出自 1956 年科幻电影《禁忌星球》（*Forbidden Planet*）。莫比乌斯博士一家在克鲁尔星球上发现了能往人脑中灌输知识的机器。——译者注

而第一个会失败的测试则针对空数组这样的基本情况。

```java
public class SortTest {

  @Test
  public void sorted() throws Exception {
    assertEquals(asList(), sort(asList()));
  }
  private List<Integer>sort(List<Integer> list) {
    return null;
  }
}
```

很明显,测试会失败,但很容易让它通过测试。

```java
private List<Integer> sort(List<Integer> list) {
    return new ArrayList<>();
}
```

考虑复杂一点儿的情况,试一下其中只有一个整数的列表。

```java
assertEquals(asList(1), sort(asList(1)));
```

显然会失败,但将生产代码写得更通用一些,测试就通过了。

```java
private List<Integer> sort(List<Integer> list) {
    return list;
}
```

好玩吧?在第 2 章的质因数示例中我们已经见过这种技巧了。先返回最基础的解答,再返回输入参数,前两个测试就通过了,这看起来有共同点。

下一个测试不值一提,因为它直接就通过了:按顺序排列的两个元素。有人也许会说,我们根本不该写这个测试,因为它没有失败,但看到这些测试通过还是挺好的。

```
assertEquals(asList(1, 2), sort(asList(1, 2)));
```

如果我们对调输入数组的顺序,测试就会失败:两个元素不按顺序排列。

```
assertEquals(asList(1, 2), sort(asList(2, 1)));
```

要令测试通过,得做些略费心机的事。如果输入数组里有超过一个元素,且前两个元素顺序错误,就做个交换。

```
private List<Integer> sort(List<Integer> list) {
    if (list.size() > 1) {
        if (list.get(0) > list.get(1)) {
            int first = list.get(0);
            int second = list.get(1);
            list.set(0, second);
            list.set(1, first);
        }
    }
    return list;
}
```

也许你能预见代码会怎样变化。先别惊动别人。记住这一刻,下一节我们还会接着讨论。

后两个测试已经通过。在第一个测试中,输入数组元素顺序正确。在第二个测试中,前两个元素顺序错误,当下的解决方案是做一个交换位置操作。

```
assertEquals(asList(1, 2, 3), sort(asList(1, 2, 3)));
assertEquals(asList(1, 2, 3), sort(asList(2, 1, 3)));
```

下一个失败的测试是针对三个元素,其中后两个元素顺序错误。

```
assertEquals(asList(1, 2, 3), sort(asList(2, 3, 1)));
```

通过将对比和交换位置算法放到遍历列表的循环中,让测试得以通过。

```
private List<Integer>sort(List<Integer> list) {
    if (list.size() > 1) {
        for (int firstIndex = 0; firstIndex < list.size() - 1;firstIndex++) {
            int secondIndex = firstIndex + 1;
            if (list.get(firstIndex) > list.get(secondIndex)){
                int first = list.get(firstIndex);
                int second = list.get(secondIndex);
                list.set(firstIndex, second);
                list.set(secondIndex, first);
            }
        }
    }
    return list;
}
```

你能说出接下来会怎样吗？大多数读者应该会知道。下一个失败的测试是针对三个元素顺序全部掉转的情况。

```
assertEquals(asList(1, 2, 3), sort(asList(3, 2, 1)));
```

失败的测试会说话。函数 sort 返回[2, 1, 3]。注意，3 被移到了列表末尾。很好！但前两个元素顺序还是不对。原因很容易看出来。3 与 2 交换位置，然后又与 1 交换位置，但 2 和 1 仍然在错误的地方，需要再次交换位置。

把对比与交换位置算法放到另一个循环中，逐步递减对比与交换列表的长度，测试就能通过。看代码比较容易理解：

```
private List<Integer> sort(List<Integer> list) {
    if (list.size() > 1) {
        for (int limit = list.size() - 1; limit > 0; limit--){
            for (int firstIndex = 0; firstIndex < limit; firstIndex++) {
                int secondIndex = firstIndex + 1;
                if (list.get(firstIndex) > list.get(secondIndex)) {
                    int first = list.get(firstIndex);
```

```
                    int second = list.get(secondIndex);
                    list.set(firstIndex, second);
                    list.set(secondIndex, first);
                }
            }
        }
        return list;
}
```

我们来做个更大规模的测试,一了百了。

```
assertEquals(
        asList(1, 1, 2, 3, 3, 3, 4, 5, 5, 5, 6, 7, 8, 9, 9, 9),
        sort(asList(3, 1, 4, 1, 5, 9, 2, 6, 5, 3, 5, 8, 9, 7, 9,
                                3)));
```

测试通过。我们的排序算法看来已完成。

这套算法从何而来?我们并没有在一开始就设计出来。为了让每个失败的测试能够通过,我们做了一系列小决定,算法就这样出来了。这就是一种渐进式推演。你瞧!

这是什么算法呢?当然是冒泡排序——排序算法中比较差劲的一种。

所以,TDD 可能真是一种渐进推演出糟糕算法的好方法。

排序示例二

再来试试。这次我们选一条些微不同的路子。同样,如果能看到视频就先去看视频,然后回来继续阅读。

观看视频:排序示例二。

与先前一样，从最基本的测试和让测试通过的代码开始。

```java
public class SortTest {
    @Test
    public void testSort() throws Exception {
        assertEquals(asList(), sort(asList()));
        assertEquals(asList(1), sort(asList(1)));
        assertEquals(asList(1, 2), sort(asList(1, 2)));
    }

    private List<Integer>sort(List<Integer> list) {
        return list;
    }
}
```

同样放两个顺序错误的元素。

```java
assertEquals(asList(1, 2), sort(asList(2, 1)));
```

这次，我们不在输入的 `list` 中比较并交换位置，而是在比较之后新创建一个列表，把元素按正确顺序放进去。

```java
private List<Integer> sort(List<Integer> list) {
    if (list.size() <= 1)
        return list;
    else {
        int first = list.get(0);
        int second = list.get(1);
        if (first > second)
            return asList(second, first);
        else
            return asList(first, second);
    }
}
```

是时候暂停下来反思一下了。前一节中，我们愉快地编写了比较并交换位置方案，以为那是通过测试的唯一手段。那是错误的想法。在本例中，我们会看到另一种方法。

这说明，有时我们会遇到不止有一种解决方案的失败测试。那就把这种情况看作道路上的岔路好了。但是该走哪条岔路？

来看看这条岔路去向何方。

和之前一样，下一个测试明显是三个顺序正确的元素。

```
assertEquals(asList(1, 2, 3), sort(asList(1, 2, 3)));
```

和前例不同的是，这个测试失败了，因为代码没有提供返回两个以上元素列表的功能。然而，这很容易解决。

```
private List<Integer> sort(List<Integer> list) {
    if (list.size() <= 1)
        return list;
    else if (list.size() == 2) {
        int first = list.get(0);
        int second = list.get(1);
        if (first > second)
            return asList(second, first);
        else
            return asList(first, second);
    }
    else {
        return list;
    }
}
```

当然这样做很笨，留待下一个测试改正：三个元素，前两个顺序错误，失败理所当然。

```
assertEquals(asList(1, 2, 3), sort(asList(2, 1, 3)));
```

到底如何才能让测试通过？对于有两个元素的列表，只有两种可能性，我们的解决方案为了应对这两种可能性，已经竭尽全力。对于有三个不同元素的列表，就有六种可能性，是不是得针对这六种可能性一个一个地解析和构造代码呢？

不，那样做太离谱了。我们需要更简单的做法。采用三分律（Law of Trichotomy）如何？

三分律是说，对于两个数字 A 和 B，它们之间只有三种可能关系：A<B，A=B，或者 A>B。好，我们从列表中取一个数，看看它与其余两个数的关系。

代码看起来像这样：

```java
else {
    int first = list.get(0);
    int middle = list.get(1);
    int last = list.get(2);
    List<Integer> lessers = new ArrayList<>();
    List<Integer> greaters = new ArrayList<>();

    if (first < middle)
        lessers.add(first);
    if (last < middle)
        lessers.add(last);
    if (first > middle)
        greaters.add(first);
    if (last > middle)
        greaters.add(last);

    List<Integer> result = new ArrayList<>();
    result.addAll(lessers);
    result.add(middle);
    result.addAll(greaters);
    return result;
}
```

别被吓到。一起来看。

首先，我将三个值放到三个变量中：`first`、`middle` 和 `last`。这样做的目的是代码中不会出现一大堆 `list.get(x)` 调用。

接着，我为比 `middle` 小的元素创建一个新列表，为比 `middle` 大的元素创建另一个新列表。注意，我假设 `middle` 在列表中是唯一的。

然后，在后面的四个 if 语句中，我将 `first` 和 `last` 元素放到合适的列表里。

最后，我将 `lessers`、`middle` 和 `greaters` 放到一起，构造出 `result` 列表。

眼下你可能不喜欢这些代码。我也不太喜欢。但这些代码能工作。测试通过了。

后两个测试也通过了：

```
assertEquals(asList(1, 2, 3), sort(asList(1, 3, 2)));
assertEquals(asList(1, 2, 3), sort(asList(3, 2, 1)));
```

包含三个不重复元素的列表，有六种可能排列情况，到目前为止，我已尝试了其中四种。如果我们试过另外两种，即[2, 3, 1]和[3, 1, 2]，就会知道这两种情况的测试可能失败。

但因为没耐心，或者疏忽大意，我们直接着手测试包含四个元素的列表。

```
assertEquals(asList(1, 2, 3, 4), sort(asList(1, 2, 3, 4)));
```

当然，测试失败了，因为手头方案假设列表中只有不超过三个元素。而且，我们关于 `first`、`middle` 和 `last` 的简化模型当然也败在四种元素面前。这让我思考，为何要选择元素 1 来做 `middle` 的值，为何不能是元素 0？

于是，我们注释掉前一个测试，将 `middle` 更换为元素 0。

```
int first = list.get(1);
```

```
int middle = list.get(0);
int last = list.get(2);
```

出乎意料，[1，3，2]的测试失败了。你能看出原因吗？如果 middle 为 1，则 3 和 2 会被以错误顺序放到 greaters 列表中。

我们的方案恰好已经懂得如何排列有两个元素的列表，greaters 正好就是这种列表。所以，只要对 greaters 列表调用 sort 函数就能通过测试。

```
List<Integer> result = new ArrayList<>();
result.addAll(lessers);
result.add(middle);
result.addAll(sort(greaters));
return result;
```

这样一来，[1, 3, 2]测试就通过了，但[3, 2, 1]测试没能通过，因为 lessers 列表顺序仍然错误。但这很容易修复。

```
List<Integer> result = new ArrayList<>();
result.addAll(sort(lessers));
result.add(middle);
result.addAll(sort(greaters));
return result;
```

嗯，在进入四元素列表测试之前，我应该已经完成了三元素列表剩下的两种情况。

规则 7：在开始下一个更复杂情况的测试前，穷尽简单情况测试。

好了，现在我们得让四元素列表通过测试。所以，我还原注释掉的测试，眼见它失败（这里没有展示出来）。

我们用来对四元素列表排序的算法可以泛化；middle 变量现在是列表中的第一个元素，尤其可以泛化。构建 lessers 和 greaters 列表，只需要应用过滤器。

```
else {
    int middle = list.get(0);
    List<Integer> lessers =
        list.stream().filter(x -> x<middle).collect(toList());
    List<Integer> greaters =
        list.stream().filter(x ->x>middle).collect(toList());

    List<Integer>result = new ArrayList<>();
    result.addAll(sort(lessers));
    result.add(middle);
    result.addAll(sort(greaters));
    return result;
}
```

不出意外，测试通过，而且后两个测试也通过了。

```
assertEquals(asList(1, 2, 3, 4), sort(asList(2, 1, 3, 4)));
assertEquals(asList(1, 2, 3, 4), sort(asList(4, 3, 2, 1)));
```

然后你可能会开始考虑 `middle` 变量。如果 `middle` 元素在列表中不是唯一的呢？来试试。

```
assertEquals(asList(1, 1, 2, 3), sort(asList(1, 3, 1, 2)));
```

嗯，失败了。这意味着我们不应该再将 `middle` 当作特殊情况来处理。

```
else {
  int middle = list.get(0);
  List<Integer> middles =
    list.stream().filter(x ->x == middle).collect(toList());
  List<Integer> lessers =
    list.stream().filter(x -> x<middle).collect(toList());
  List<Integer> greaters =
    list.stream().filter(x -> x>middle).collect(toList());

  List<Integer> result = new ArrayList<>();
```

```
    result.addAll(sort(lessers));
    result.addAll(middles);
    result.addAll(sort(greaters));
    return result;
}
```

测试通过。然而，看看那个 else，你还记得它上头是什么吗？我展示给你看。

```
if (list.size() <= 1)
    return list;
else if (list.size() == 2) {
    int first = list.get(0);
    int second = list.get(1);
    if (first > second)
        return asList(second, first);
    else
        return asList(first, second);
}
```

那个 ==2 的情况还需要考虑吗？不需要了。将它删掉，测试仍然全部通过。

好，第一个 if 语句呢？还需要吗？实际上，应该将它改得更好。我给你看看最终的算法吧。

```
private List<Integer> sort(List<Integer> list) {
    List<Integer> result = new ArrayList<>();

    if (list.size() == 0)
        return result;
    else {
        int middle = list.get(0);
        List<Integer> middles =
            list.stream().filter(x -> x == middle).collect(toList());
        List<Integer> lessers =
            list.stream().filter(x -> x < middle).collect(toList());
        List<Integer> greaters =
```

```
      list.stream().filter(x -> x > middle).collect(toList());

  result.addAll(sort(lessers));
  result.addAll(middles);
  result.addAll(sort(greaters));
  return result;
 }
}
```

这个算法也有名字：快速排序。快速排序是已知的最好排序算法之一。

好到什么程度呢？在我的笔记本电脑上，这个算法能在 1.5 秒内，对 0 到 100 万之间的 100 万个整数排序。同样的列表用前一节的冒泡排序，得花上大概 6 个月的时间。就是这么好。

这让我们看到一种令人不安的情形。对于包含两个顺序不对的元素的列表，有两种排序方案。其中一种将我们径直引到冒泡排序，而另一种则将我们径直引到快速排序。

这意味着，分辨岔路、选择正确路径，可能很重要。在上述例子中，一条路将我们带往很差的算法，而另一条则将我们带往非常好的算法。

我们能分辨岔路，决定该走其中的哪一条吗？也许能。但那是后面更高级章节讨论的话题。

卡壳

我想，你应该已经看了足够多的视频，对 TDD 节奏有所了解。现在，我们跳过视频，完全依靠文字来学习。

TDD 新手常常会发现自己陷于困境。他们写出相当不错的测试，然后意识到，让测试通过的唯一方法是写出本该由测试推动实现的全套算法。我把这种情形叫作"卡壳"。

解决卡壳的方法是，删掉你刚写的那个测试，另写一个更容易通过的测试。

规则 8：如果你必须写很多实现代码才能让测试通过，删掉测试，写一个更容易通过的简单测试。

我常在培训课上用下面的练习来让学员卡壳，这一方法屡试不爽。半数以上的学员会遭遇困境，挣脱不出。

这是个有关文本折行的老问题：对于一串没有折行的文本，在适当位置插入折行，令单行文本不超过 N 个字符宽度。单词要尽量完整。

我要求学员编写以下函数来完成这个任务：

`Wrapper.wrap(String s, int w)`

假设输入字符串是《葛底斯堡演说》（*Gettysburg Address*）中的文字：

```
"Four score and seven years ago our fathers brought forth upon this continent a new nation conceived in liberty and dedicated to the proposition that all men are created equal"
```

设输入的宽度值为 30，则输出应该是：

```
====:====:====:====:====:====:
Four score and seven years ago
Our fathers brought forth upon
This continent a new nation
Conceived in liberty and
Dedicated to the proposition
That all men are created equal
====:====:====:====:====:====:
```

你如何采用测试先行的方式编写这个算法？大概还是从会失败的测试开始吧。

```java
public class WrapTest {
    @Test
    public void testWrap() throws Exception {
```

```
        assertEquals("Four", wrap("Four", 7));
    }

    private String wrap(String s, int w) {
        return null;
    }
}
```

这个测试违反了多少 TDD 规则？你可以指出违反的规则吗？且先继续进行。很容易让测试通过：

```
private String wrap(String s, int w) {
    return "Four";
}
```

下一个测试看起来很显而易见：

```
assertEquals("Four\nscore", wrap("Four score", 7));
```

令测试通过的代码也很明显：

```
private String wrap(String s, int w) {
    return s.replace(" ", "\n");
}
```

用行结束符替代所有空格。完美。在继续之前先做一些清理工作。

```
private void assertWrapped(String s, int width, String expected) {
    assertEquals(expected, wrap(s, width));
}

@Test
public void testWrap() throws Exception {
    assertWrapped("Four", 7, "Four");
    assertWrapped("Four score", 7, "Four\nscore");
}
```

好多了。好，下一个失败测试。如果我们接着用《葛底斯堡演说》的内容来测试，下一个失败测试应当是：

```
assertWrapped("Four score and seven years ago our", 7,
  "Four\nscore\nand\nseven\nyears\nago our");
```

测试的确失败了。稍微缩小一点儿文本范围：

```
assertWrapped("ago our", 7, "ago our");
```

好，如何才能通过这个测试呢？看来我们不能将所有空格都替换为行终止符。那么，应该替换哪些空格呢？或者，是否应当用行终止符替换所有空格，再回头将其中一些换回来呢？

你先琢磨一会儿。我想，你找不到容易实现的解决方案。也就是说，我们卡壳了。要让测试通过，得发明一种折行算法，一次通过很大一部分。

解决方案是删掉一个或多个测试，用更简单的测试来替代，这样就能逐步通过。来试试吧。

```
@Test
public void testWrap() throws Exception {
    assertWrapped("", 1, "");
}

private String wrap(String s, int w) {
    return "";
}
```

是啊，这的确是一个对基本情况的测试，对吧？我们都忘掉了这条规则。

好，下一个最基本的测试是什么？这个如何？

```
assertWrapped("x", 1, "x");
```

够基本。也的确很容易通过。

```
private String wrap(String s, int w) {
  return s;
}
```

同样的模式又出现了。通过返回基本常量令第一个测试通过，通过返回输入值令第二个测试通过。好，下一个最基本的测试是什么？

```
assertWrapped("xx", 1, "x\nx");
```

测试失败，因为代码返回了"xx"。要让测试通过并不难：

```
private String wrap(String s, int w) {
    if (w >= s.length())
      return s;
    else
      return s.substring(0, w)+"\n" + s.substring(w);
}
```

很容易。下一个最基本的测试是什么？

```
assertWrapped("xx", 2, "xx");
```

这种情况之前就能通过。很好。下一个测试应该是：

```
assertWrapped("xxx", 1, "x\nx\nx");
```

测试失败。这里隐含了某种形式的循环。但等一下，还有更容易的办法。

```
private String wrap(String s, int w) {
  if (w >= s.length())
    return s;
```

```
  else
    return s.substring(0, w) + "\n" + wrap(s.substring(w), w);
}
```

我们通常不怎么想到用递归,对吧?也许应该多考虑一下。

在我们的测试中有了一个不错的小模式,对吧?没有单词,甚至没有任何空格。只是一串 x 和对应的长度。所以,下一个测试会是:

```
assertWrapped("xxx", 2, "xx\nx");
```

这种情况的测试已经通过。下一个:

```
assertWrapped("xxx", 3, "xxx");
```

继续测试这个模式大概已经没什么意义,是时候加上几个空格了:

```
assertWrapped("x x", 1, "x\nx");
```

测试失败了,因为代码返回的是"x\n \nx"。在递归调用 wrap 前消除文本前置空格,就能修正这个问题。

```
return s.substring(0, w) + "\n" + wrap(s.substring(w).trim(), w);
```

测试通过。现在有个新测试模式要跟进。所以下一个测试是:

```
assertWrapped("x x", 2, "x\nx");
```

测试失败,因为第一个子串末尾有空格。可以再调用 trim 去除空格。

```
return s.substring(0, w).trim() + "\n" + wrap(s.substring(w).trim(), w);
```

测试通过。以下测试也通过了。

```
assertWrapped("x x", 3, "x x");
```

接下来测试什么？可以试试这些：

```
assertWrapped("x x x", 1, "x\nx\nx");
assertWrapped("x x x", 2, "x\nx\nx");
assertWrapped("x x x", 3, "x x\nx");
assertWrapped("x x x", 4, "x x\nx");
assertWrapped("x x x", 5, "x x x");
```

全都通过。添加第 4 个 x 没什么意义。

来试试这个：

```
assertWrapped("xx xx", 1, "x\nx\nx\nx");
```

测试通过。以下这些同样模式的测试也都通过了。

```
assertWrapped("xx xx", 2, "xx\nxx");
assertWrapped("xx xx", 3, "xx\nxx");
```

不过下一个测试失败了。

```
assertWrapped("xx xx", 4, "xx\nxx");
```

失败原因是代码返回了 "xx x\nx"，没有在两个"单词"之间的空格处断开。空格在哪儿？在第 w 个字符前面。所以，需要从 w 处向后搜索空格。

```
private String wrap(String s, int w) {
    if (w >= s.length())
        return s;
    else {
        int br = s.lastIndexOf(" ", w);
        if (br == -1)
            br = w;
```

```
        return s.substring(0, br).trim() + "\n" +
               wrap(s.substring(br).trim(), w);
    }
}
```

测试通过。我感觉已经完成任务了。不过还是再多试几种情况：

```
assertWrapped("xx xx", 5, "xx xx");
assertWrapped("xx xx xx", 1, "x\nx\nx\nx\nx\nx");
assertWrapped("xx xx xx", 2, "xx\nxx\nxx");
assertWrapped("xx xx xx", 3, "xx\nxx\nxx");
assertWrapped("xx xx xx", 4, "xx\nxx\nxx");
assertWrapped("xx xx xx", 5, "xx xx\nxx");
assertWrapped("xx xx xx", 6, "xx xx\nxx");
assertWrapped("xx xx xx", 7, "xx xx\nxx");
assertWrapped("xx xx xx", 8, "xx xx xx");
```

全部通过。我想应该是完成任务了。用《葛底斯堡演说》来测试一下，设行宽为 15 个字符。

```
Four score and
seven years ago
our fathers
brought forth
upon this
continent a new
nation
conceived in
liberty and
dedicated to
the proposition
that all men
are created
equal
```

看起来没错。

我们从中学到了什么？首先，如果遭遇卡壳，扔掉卡住你的测试，编写更简单的测试。其次，在写测试时试一试。

规则 9：从容不迫、循序渐进地完成所有测试。

安排、行动、断言

现在来探讨全然不同的另一个话题。

多年前，比尔·维克（Bill Wake）指出所有测试的基本模式。他将其命名为 3A 模式（或 AAA），意思是 Arrange/Act/Assert（安排/行动/断言）。

在写测试时，第一件事是安排要测试的数据。通常在 Setup 方法中或测试函数的最开始处做安排工作。目标是让系统处于运行测试所必需的状态。

下一步是行动。也就是测试调用函数，或执行操作，或调用作为测试目标的过程。

测试要做的最后一件事是断言。一般而言就是查看行动的输出，确保系统处于新的所需状态。

第 2 章保龄球示例中的如下测试，就是上述模式的简单例子：

```
@Test
public void gutterGame() throws Exception {
    rollMany(20, 0);
    assertEquals(0, g.score());
}
```

本测试的"安排"部分是 Setup 函数中创建 Game 的操作，还有通过 rollMany(20, 0) 来设置无得分球局的操作。

测试的"行动"部分是对 g.score() 的调用。

测试的"断言"部分则是 `assertEquals` 语句。

在我实践 TDD 的 25 年里，从未发现有哪个测试不遵从这个模式。

进入 BDD

2003 年，丹·诺斯（Dan North）与克里斯·斯蒂文森（Chris Stevenson）、克里斯·麦兹（Chris Matz）一起实践和教授 TDD，他们也发现了比尔·维克所发现的东西。然而，他们用了另一套术语：对于-当-则（Given-When-Then, GWT）。

这就是**行为驱动开发**（Behavior-Driven Development, BDD）的肇始。

一开始，BDD 被视为对测试编写的改进。丹和其他支持者们更喜欢自己的那套术语，就将那套术语写进了 JBehave、RSpec 等测试工具中。

例如，可以用下列 BDD 术语描述 `gutterGame` 测试：

对于参赛者掷出20个地沟球的球局，
当我要求得到球局得分时，
则得分为0。

显然，要将这些语句翻译为可执行的测试，得做一些解析操作。JBehave 和 RSpec 提供了进行这类解析的能力。很显然，TDD 测试与 BDD 测试功用一致。

随着时间推移，BDD 术语脱离了测试领域，走向解决系统规格问题的方向。BDD 拥趸们认识到，即便 GWT 语句并不能作为测试来运行，也拥有描述行为规格的价值。

2013 年，利兹·基奥（Liz Keogh）如此评价 BDD：

BDD 使用例子来描述应用行为……而且还与这些例子对话。

如果仅仅因为 GWT 和 AAA 显然同义，就将 BDD 与测试完全分离，还是很难的。如果你对此有疑问，不妨看看以下示例：

- 对于被安排的测试数据。
- 当我执行测试行为。
- 则期望结果被断言。

有限状态机

我之所以花这么多笔墨讨论 GWT 与 AAA 的同义性，是因为我们在软件中常常遇到另一个有名的三元问题：有限状态机的转换。

考虑一个简单的地铁旋转闸的状态/转换（见图3.1）。

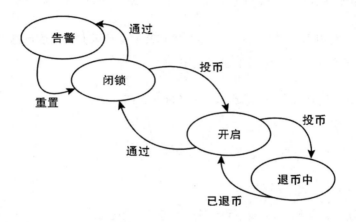

图3.1 地铁旋转闸的转换/状态图

一开始，闸门处于闭锁状态。投币将其送至开启状态。有人通过后，闸门回到闭锁状态。如果有人没投币就通过，闸门告警。如果有人多投了一个币，则机器会退回多投的币。

图 3.1 可以改成下列状态转换表：

当前状态	事件	下一状态
闭锁	投币	开启
闭锁	通过	告警
开启	投币	退币中
开启	通过	闭锁

续表

当前状态	事件	下一状态
退币中	已退币	开启
告警	重置	闭锁

表格中的每一行，描述了事件触发当前状态向下一状态的转换过程。每一行都是一个三元过程，就像 GWT 或 AAA 那样。更重要的是，三元素其中之一都与 GWT 或 AAA 三元素中的某一个同义对应，如下所示：

对于锁闭状态
当发生投币事件时
则转换到开启状态。

由此可见，你写的每个测试都是描述系统行为的有限状态机。

自己读几遍这句话：每个测试都是你程序中要创建的一个有限状态机。

你知不知道自己要写的程序是有限状态机？当然知道。每个程序都是有限状态机，因为计算机不过是有限状态机的处理器而已。

当执行每一个指令时，计算机本身就是在从一个有限状态转换到另一个有限状态。

所以，在实践 TDD 时写的测试，以及在实践 BDD 时描述的行为，都是你要创建的有限状态机的简化转换。完整的测试集就是那个有限状态机。

由此可见，最显著的问题是，如何保证你期望状态机处理的全部转换都被编码成了测试，如何保证测试所描述的状态机就是程序应当实现的完整状态机？

除了先写出转换，然后写实现转换的代码，还有更好的路子吗？

再谈 BDD

那些 BDD 的拥趸们或许没有意识到，他们最终将得出的结论是，描述系统行为的最佳途径就是将其定义为一个有限状态机。你不觉得这很有趣，甚至有点讽刺吗？

测试替身

2000 年，史蒂夫·弗里曼（Steve Freeman）、蒂姆·麦金农（Tim McKinnon）和菲利普·克里格（Philip Craig）发表了题为《内化测试：使用模拟对象进行单元测试》（*Endo-Testing: Unit Testing with Mock Objects*）的论文 [1]。Mock这个词的热度足以证明这篇文章深远地影响了软件社群。文章发表后，单词Mock有了动词义项。如今，我们使用模拟框架（Mocking Frameworks）来模拟真实情况。

在那些早期岁月里，软件社群刚开始了解 TDD 的概念。我们中的大多数人从未在测试代码中应用面向对象设计。我们中的大多数人从未在测试代码中应用任何设计。测试的作者遇到的问题皆由此出。

是的，我们的确能测试如你在之前章节中看到的那些示例一般的简单代码。但还有另外一些问题我们就是不懂该如何测试。例如，如何测试响应 I/O 失败的代码？在单元测试中无法真的强制 I/O 设备失败。你能测试与外部服务交互的代码吗？是不是要为你的测试连接上外部服务？如何测试处理外部服务失败的那些代码呢？

TDD 的最早用户是 Smalltalk 程序员。他们认为，宇宙由对象构成。所以，虽然他们多半一定会使用 Mock 对象，但还是对此嗤之以鼻。1999 年，当我向一位专家级 Smalltalk 和 TDD 程序员介绍 Mock 对象的概念时，他评价道："繁文缛节。"

尽管如此，这一技术还是守住了阵地，并且成了 TDD 践行者们采用的核心技术之一。

但是，在深入技术本身之前，还有个词汇问题需要澄清。我们中的大多数人用错了 Mock Object 一词——起码不符合规范。现下我们谈及的 Mock 对象，与 2000 年《内化测试：使用模拟对象进行单元测试》一文中提到的 Mock 对象截然不同。差异程度大到需要有新义项来澄清概念。

2007 年，杰拉德·梅萨罗斯（Gerard Meszaros）出版了《xUnit测试模式——测试码重构》（*xUnit Test Patterns:Refactoring Test Code*）[2]一书。在书中，他采用了我们如今使用的正式释义。

---

[1] Steve Freeman, Tim McKinnon 和 Philip Craig，《内化测试：使用模拟对象进行单元测试》一文发表于 *eXtreme Programming and Flexible Processes in Software Engineering* (XP2000)。

[2] Gerard Meszaros, *xUnit Test Patterns:Refactoring Test Code* (Addison-Wesley, 2007)。

在非正式场合，我们还是会说Mock和Mocking，但当需要准确描述时，就会使用梅萨罗斯的正式释义。

梅萨罗斯将 Mock 的非正式释义分为五种对象类型：Dummy（仿品）、Stub（占位）、Spy（间谍）、Mock（拟造）和 Fake（伪造），总称测试替身（Test Doubles）。

真是好名字。在拍电影时，特技替身替演员做危险动作表演，手部替身在特写镜头中替演员展示手部，当演员不需要在镜头中露脸时，身体替身就替演员出镜。这正是测试替身的功能。当测试运行时，测试替身暂时替代另一个对象的角色。

这几种测试替身构成一种类型层级关系（见图3.2）。Dummy 是其中最简单的。Stub 是 Dummy 的一种，Spy 是 Stub 的一种，Mock 是 Spy 的一种。Fake 则独立在外。

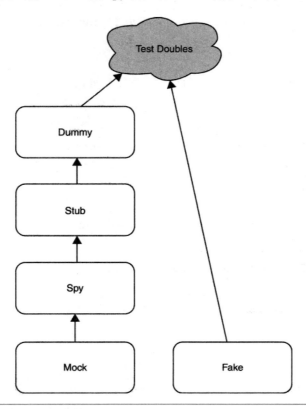

图3.2　测试替身

所有测试替身（我的那位 Smalltalk 程序员朋友认为这纯属多余）都采用多态机制。例如，如果你想测试管理外部服务的代码，就将外部服务隔离到多态接口后面，然后为该服务创建接口的实现。这个实现就是测试替身。

解释这些概念的最佳方式大概还是展示代码。

DUMMY

测试替身通常以一个接口开始，它是没有实现代码的抽象类。例如，可以从 `Authenticator` 接口开始：

```
public interface Authenticator {
  public Boolean authenticate(String username, String password);
}
```

该接口的功用是，让应用程序可以通过用户名和密码来认证用户。如果用户认证信息正确，`authenticate` 函数返回 `true`，否则，返回 `false`。

假设我们想测试在用户输入用户名和密码前，能否点击关闭按钮，取消 `LoginDialog` 对话框。测试大概像这样：

```
@Test
public void whenClosed_loginIsCancelled() throws Exception {
    Authenticator authenticator = new ???;
    LoginDialog dialog = new LoginDialog(authenticator);
    dialog.show();
    boolean success = dialog.sendEvent(Event.CLOSE);
    assertTrue(success);
}
```

注意，`LoginDialog` 类必须用 `Authenticator` 接口构造。问题是本测试永远不会调用 `Authenticator`。那么我们该向 `LoginDialog` 传递什么参数呢？

再假设当 RealAuthenticator 对象创建时需要传入数据库连接 DatabaseConnection，成本高昂。而且，DatabaseConnection 类的构造器需要有效数据库用户 databaseUser 的 UID 和密码 databaseAuthCode（你一定遇到过这种情况）。

```
public class RealAuthenticator implements Authenticator {
    public RealAuthenticator(DatabaseConnection connection) {
        //...
    }

    //...
}

public class DatabaseConnection {
    public DatabaseConnection(UID databaseUser, UID databaseAuthCode) {
        //...
    }
}
```

要在测试中使用 RealAuthenticator，就需要写以下这种可怕的代码：

```
@Test
public void whenClosed_loginIsCancelled() throws Exception {
    UID dbUser = SecretCodes.databaseUserUID;
    UID dbAuth = SecretCodes.databaseAuthCode;
    DatabaseConnection connection =
      new DatabaseConnection(dbUser, dbAuth);
    Authenticator authenticator = new RealAuthenticator(connection);
    LoginDialog dialog = new LoginDialog(authenticator);
    dialog.show();
    boolean success = dialog.sendEvent(Event.CLOSE);
    assertTrue(success);
}
```

将这堆破烂放到测试中，只是为了能够创建永远不会用到的 Authenticator 对象。测试中还增加了两个测试并不需要的依赖项。这些依赖项有可能在编译时或装载时破坏测试。我们用不着这些令人头疼的东西。

规则 10：不要在测试中添加测试不需要的东西。

我们用 Dummy 取而代之（见图 3.3）。

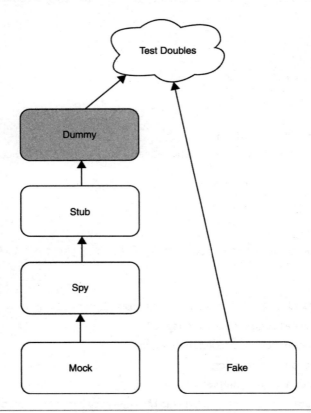

图3.3 Dummy

Dummy 是一种什么也不做的实现方式。接口中的每个方法什么也不做。如果方法有返回值，Dummy 返回的值应尽量接近 null 或 0。

在我们的例子中，AuthenticatorDummy 大概会像这样：

```
public class AuthenticatorDummy implements Authenticator {
```

```
    public Boolean authenticate(String username, String password) {
        return null;
    }
}
```

实际上，当我调用 IDE 中的实现接口（Implement Interface）功能时，这正是自动出现的实现代码。

现在可以抛掉一堆破烂和那些恶心的依赖项了。

```
@Test
public void whenClosed_loginIsCancelled() throws Exception {
    Authenticator authenticator = new AuthenticatorDummy();
    LoginDialog dialog = new LoginDialog(authenticator);
    dialog.show();
    boolean success = dialog.sendEvent(Event.CLOSE);
    assertTrue(success);
}
```

所以，Dummy 是一种测试替身，它创建一个什么也不做的接口。当被测试的函数需要接受对象作为参数，但测试本身的逻辑并不需要那个对象时，使用 Dummy 对象。

出于两个原因，我不常用 Dummy。首先，我不喜欢没用到传入参数的函数。其次，我不喜欢有 LoginDialog->Authenticator->DatabaseConnection->UID 之类连串依赖的对象。连串依赖往往有后患。

当然，当实在无法避免时，我宁肯使用 Dummy 对象，也不愿与应用程序中那些复杂对象打交道。

STUB

如图 3.4 所示，**Stub** 是一种 Dummy，它也什么都不做。不过，Stub 的函数并不返回 0 或 `null`，而是返回能推动函数沿预定路径被测试的值。

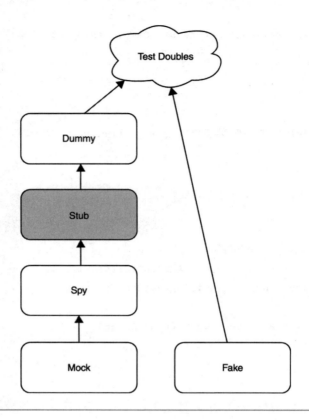

图3.4 Stub

设想以下测试。它确保当 Authenticator 拒绝 username 和 password 时，登录失败。

```
public void whenAuthorizerRejects_loginFails() throws Exception {
    Authenticator authenticator = new ?;
    LoginDialog dialog = new LoginDialog(authenticator);
    dialog.show();
    boolean success = dialog.submit("bad username", "bad password");
    assertFalse(success);
}
```

如果在这里使用 RealAuthenticator 的话，还是得用 DatabaseConnection 和 UID 之类讨厌的东西来初始化。但我们还有另一个问题，该用什么 username 和 password 呢？

如果我们了解用户数据库的内容，就可以选其中不存在的 username 和 password 来用。

但那样做很可怕，因为它在测试与生产环境数据间造成了数据依赖关系。生产代码一旦修改就有可能破坏我们的测试。

规则 11：别在测试中使用生产环境数据。

我们用 Stub 对象来替代。对于本测试，需要一个 RejectingAuthenticator，其 authorize 函数直接返回 false。

```
public class RejectingAuthenticator implements Authenticator {
    public Boolean authenticate(String username, String password) {
        return false;
    }
}
```

这样就可以在测试中轻松地使用这个 Stub 了。

```
public void whenAuthorizerRejects_loginFails() throws Exception {
    Authenticator authenticator = new RejectingAuthenticator();
    LoginDialog dialog = new LoginDialog(authenticator);
    dialog.show();
    boolean success = dialog.submit("bad username", "bad password");
    assertFalse(success);
}
```

我们的计划是，LoginDialog 的 submit 方法调用 authorize 函数，而且我们知道该函数会返回 false，所以我们也就知道 LoginDialog.submit 方法的执行路径，而那正是我们要测试的路径。

如果想测试当 authorizer 接受 username 和 password 时登录成功的情况，可以用另一个 Stub 来照此办理。

```
public class PromiscuousAuthenticator implements Authenticator {
  public Boolean authenticate(String username, String password) {
    return true;
  }
}
@Test
```

105

```
public void whenAuthorizerAccepts_loginSucceeds() throws Exception {
    Authenticator authenticator = new PromiscuousAuthenticator();
    LoginDialog dialog = new LoginDialog(authenticator);
    dialog.show();
    boolean success = dialog.submit("good username", "good password");
    assertTrue(success);
}
```

所以，Stub 是一种 Dummy，它返回测试所需的特定值，推动系统沿着要测试的路径前行。

SPY

Spy（见图 3.5）是一种 Stub。它返回测试所需的特定值，推动系统沿着我们期望的路径前行。然而，Spy 能记住对它所做的事，并允许测试询问。

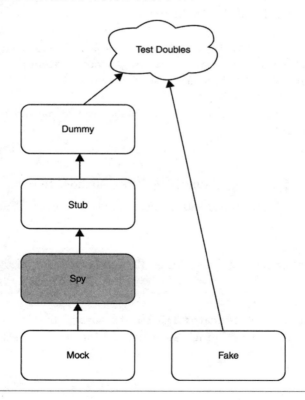

图3.5 Spy

最好用例子来解释。

```java
public class AuthenticatorSpy implements Authenticator {
    private int count = 0;
    private boolean result = false;
    private String lastUsername = "";
    private String lastPassword = "";

    public Boolean authenticate(String username, String password) {
        count++;
        lastPassword = password;
        lastUsername = username;
        return result;
    }

    public void setResult(boolean result) {this.result = result;}
    public int getCount() {return count;}
    public String getLastUsername() {return lastUsername;}
    public String getLastPassword() {return lastPassword;}
}
```

注意，`authenticate` 方法记录了它被调用的次数，还有当调用时输入的最后的 `username` 和 `password`。还要注意，它提供了获取这些值的访问方法。正是上述行为及访问器让这个类成为 Spy。

另外还要注意，`authenticate` 方法返回 `result`，而 `setResult` 方法可以设置 `result` 的值。所以，这个 Spy 也是个可编程的 Stub。

下面的测试可以使用上述 Spy。

```java
@Test
public void loginDialog_correctlyInvokesAuthenticator() throws Exception {
    AuthenticatorSpy spy = new AuthenticatorSpy();
```

```
LoginDialog dialog = new LoginDialog(spy);
spy.setResult(true);
dialog.show();
boolean success = dialog.submit("user", "pw");
assertTrue(success);
assertEquals(1, spy.getCount());
assertEquals("user", spy.getLastUsername());
assertEquals("pw", spy.getLastPassword());
}
```

测试名称信息量颇大。测试目的是确认 LoginDialog 正确地调用了 Authenticator。做法是确保 authenticate 方法只被调用一次,而且传入参数就是传入 submit 的参数。

Spy 可以简单到只是当具体方法被调用时设置的单个布尔值。Spy 也可以是相对复杂的对象,即保存每一次被调用的记录和传入的每个参数。

Spy 的功用是确保被测试的算法行为正确。使用 Spy 有风险,因为它耦合了测试本身与被测试函数的实现。稍后我们再详细讨论。

MOCK

最后,我们终于要谈到真正的 Mock 对象(见图 3.6)了,即麦金农、弗里曼和克里格在那篇内化测试论文中提到的 Mock 对象。

Mock 是一种 Spy。它返回测试所需的特定值,推动系统沿着我们期望的路径前行,而且还会记住对它所做的事。不过,Mock 还知道我们的预期,基于这些预期,判断测试是否通过。

换言之,Mock 中写明了测试断言。

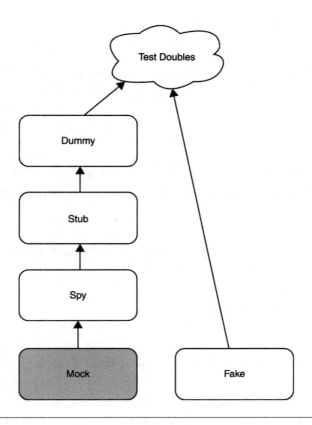

图3.6　Mock对象

千言万语不如代码几行。下面来构建一个 AuthenticatorMock 吧。

```
public class AuthenticatorMock extends AuthenticatorSpy {
    private String expectedUsername;
    private String expectedPassword;
    private int expectedCount;

    public AuthenticatorMock(String username, String password, int count) {
        expectedUsername = username;
        expectedPassword = password;
        expectedCount = count;
    }
```

```java
    public boolean validate() {
        return getCount() == expectedCount &&
          getLastPassword().equals(expectedPassword) &&
          getLastPassword().equals(expectedUsername);
    }
}
```

如你所见，Mock 的构造器中有三个与预期相关的变量。这样一来，该 Mock 就是可编程 Mock。还要注意，`AuthenticatorMock` 派生自 `AuthenticatorSpy`，用上了那个 Spy 的所有代码。

Mock 的 `validate` 函数做最终比对。如果 Spy 收集到的 `count`、`lastPassword` 和 `lastUsername` 符合 Mock 中设定的预期值，则验证操作返回 `true`。

于是这个 Mock 的测试就顺理成章了：

```java
@Test
public void loginDialogCallToAuthenticator_validated() throws Exception {
    AuthenticatorMock mock = new AuthenticatorMock("Bob", "xyzzy", 1);
    LoginDialog dialog = new LoginDialog(mock);
    mock.setResult(true);
    dialog.show();
    boolean success = dialog.submit("Bob", "xyzzy");
    assertTrue(success);
    assertTrue(mock.validate());
}
```

我们使用合适的预期值创建 Mock 对象，`username` 是`"Bob"`，`password` 是`"xyzzy"`，`authenticate` 的调用次数为 1。

接着我们用该 Mock（也是一个 `Authenticator`）创建 `LoginDialog`。我们设置 Mock 中的变量值，返回登录成功信息。显示对话框。输入`"Bob"`和`"xyzzy"`，提交。确认登录成功。然后我们断言，Mock 的预期得到满足。

这就是 Mock 对象。Mock 对象也可以非常复杂。例如，设想函数 f 被调用三次，每次输入不同参数，返回不同值。还可以设想函数 g 在函数 f 的前两次调用之间被调用一次。在没为该 Mock 编写测试之前，你还敢直接写 Mock 代码吗？

我不太爱用 Mock。它将 Spy 行为与测试断言绑死了。我不喜欢。我认为，测试应该只与其断言直接相关，且不该将断言推卸给其他更深层次的机制。但这只是我一己之见。

FAKE

终于，我们可以对付最后那个测试替身 **Fake** 了（见图 3.7）。Fake 不是 Dummy，不是 Stub，不是 Spy，也不是 Mock。Fake 是一种完全不同的测试替身。Fake 是一种模拟器。

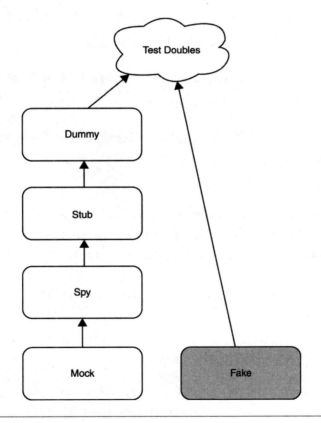

图3.7　Fake

很久以前，在 20 世纪 70 年代末，我供职的公司为电话公司开发一套整合进其基础设施的系统。这套系统的功能是测试电话线。服务中心有一台中央计算机，通过调制解调器连接到安装在各个交换机房的计算机。服务中心的计算机被叫作 SAC（Service Area Computer，服务区计算机），而交换机房中的计算机则被叫作 COLT（Central Office Line Tester，中心机房线路测试机）。

COLT 与交换机硬件互连，能在该机房任意电话线和 COLT 控制的计测硬件之间建立电子连接。COLT 计测电话线的电子特性，将原始数据报送给 SAC。

SAC 分析这些原始数据，判断是否出错，以及是什么错误。

我们是如何测试那套系统的呢？

我们搭了个 Fake。这个 Fake 表现得像是 COLT，但其交换机接口却是个模拟器。模拟器假装拨号，假装计测，然后报送目标电话号码的打包原始数据。

这样一来，我们无须在真正的电话公司交换机房安装硬件 COLT，也无须安装真正的交换机硬件与"真"电话线，就能测试 SAC 通信。

Fake 是一种测试替身，它实现基础业务规则，这样测试就能要求该 Fake 按需要的路径执行。还是用例子来说明比较好。

```
@Test
public void badPasswordAttempt_loginFails() throws Exception {
    Authenticator authenticator = new FakeAuthenticator();
    LoginDialog dialog = new LoginDialog(authenticator);
    dialog.show();
    boolean success = dialog.submit("user", "bad password");
    assertFalse(success);
}

@Test
public void goodPasswordAttempt_loginSucceeds() throws Exception {
    Authenticator authenticator = new FakeAuthenticator();
    LoginDialog dialog = new LoginDialog(authenticator);
```

```
    dialog.show();
    boolean success = dialog.submit("user", "good password");
    assertTrue(success);
}
```

两个测试都用到 FakeAuthorizer，但向其传递不同密码。使用错误密码那个测试无法登录，使用正确密码那个则可以登录。

很容易想出 FakeAuthenticator 的代码。

```
public class FakeAuthenticator implements Authenticator {
  public Boolean authenticate(String username, String password)
  {
    return (username.equals("user") &&
            password.equals("good password"));
  }
}
```

Fake 的问题是，总还会有其他情况需要测试。所以，当新测试条件出现时，Fake 代码就会变多，最终变得又大又复杂，以至于需要专门为它写测试。

我很少写 Fake，因为我不相信它不会变大。

TDD 不确定性原理

用 Mock 或不用 Mock，这是一个问题。其实不然。真正的问题是何时用 Mock。

关于这个问题，有两种思想流派，一种是伦敦派，一种是芝加哥派。本章最后部分来重点讨论。在讨论这个话题之前，首先要谈谈为什么这会成为问题。问题的根源在于 TDD 的不确定性原理（Uncertainty Principle）。

要帮助我们理解这个问题，请允许我玩儿点有趣的极端。你永远不会真的这么做，但以下内容很清楚地展示了我想说的要点。

设想我们使用 TDD 编写一个函数，用来计算以弧度表示的角的正弦值。第一个测试是什么？

记住，我们喜欢从最基本的情况着手。先来测试我们能计算 0 的正弦值。

```java
public class SineTest {
    private static final double EPSILON=0.0001;
    @Test
    public void sines() throws Exception {
        assertEquals(0, sin(0), EPSILON);
    }

    double sin(double radians) {
        return 0.0;
    }
}
```

如果你看远一点儿，这段代码应该已经让你不舒服了。测试只考虑了 `sin(0)` 的情况。

我想说的意思是什么？我的意思是，我们用 TDD 编写的大部分函数都受一套不断生长的测试所约束，于是，函数就能通过我们想得到的所有测试。前文中的质因数和保龄球比赛示例可以说明这一点。每个测试都缩小了解决方案的可能范围，直至得到最终方案。

但在本例中，`sin(r)` 函数看起来并没这么做。测试 `sin(0) == 0` 没问题，但除此之外，似乎并没有缩小方案范围。

下一个测试会进一步证明这一点。应该是什么测试？何不试试 `sin(π)`？

```java
public class SineTest {
    private static final double EPSILON = 0.0001;
    @Test
    public void sines() throws Exception {
        assertEquals(0, sin(0), EPSILON);
        assertEquals(0, sin(Math.PI), EPSILON);
```

```
    }

    double sin(double radians) {
        return 0.0;
    }
}
```

我们再一次感到没受约束。这个测试看起来没给解决方案增加什么东西。它没给我们解决问题的任何提示。来试试 π/2。

```
public class SineTest {
    private static final double EPSILON = 0.0001;
    @Test
    public void sines() throws Exception {
        assertEquals(0, sin(0), EPSILON);
        assertEquals(0, sin(Math.PI), EPSILON);
        assertEquals(1, sin(Math.PI/2), EPSILON);
    }
    double sin(double radians) {
        return 0.0;
    }
}
```

测试失败。如何通过？测试没给出如何通过的提示。我们可以尝试放几个可怕的 `if` 语句进去，但这会招来越来越多的 `if` 语句。

这时，你可能会想到，最佳做法是实现正弦的泰勒级数（Taylor Series for Sine）。

$$x - \frac{x^3}{3!} + \frac{x^5}{5!} - \frac{x^7}{7!} + \cdots$$

那应该不会太难：

```
public class SineTest {
    private static final double EPSILON=0.0001;
    @Test
```

```
public void sines() throws Exception {
    assertEquals(0, sin(0), EPSILON);
    assertEquals(0, sin(Math.PI), EPSILON);
    assertEquals(1, sin(Math.PI/2), EPSILON);
}

double sin(double radians) {
    double r2 = radians * radians;
    double r3 = r2*radians;
    double r5 = r3 * r2;
    double r7 = r5 * r2;
    double r9 = r7 * r2;
    double r11 = r9 * r2;
    double r13 = r11 * r2;
    return (radians - r3/6 + r5/120 - r7/5040 + r9/362880 - r11/39916800.0 +
            r13/6227020800.0);
}
```

测试通过，但代码很难看。我们可以用这种方法算出另外几个正弦值。

```
public void sines() throws Exception {
    assertEquals(0, sin(0), EPSILON);
    assertEquals(0, sin(Math.PI), EPSILON);
    assertEquals(1, sin(Math.PI/2), EPSILON);
    assertEquals(0.8660, sin(Math.PI/3), EPSILON);
    assertEquals(0.7071, sin(Math.PI/4), EPSILON);
    assertEquals(0.5877, sin(Math.PI/5), EPSILON);
}
```

对，测试通过了。但这套解决方案很丑，因为它精度有限。在达到精度要求前，我们得一直用泰勒级数求值。（注意 ESPILON 常量的变化）

```java
public class SineTest {
    private static final double EPSILON=0.000000001;
    @Test
    public void sines() throws Exception {
        assertEquals(0, sin(0), EPSILON);
        assertEquals(0, sin(Math.PI), EPSILON);
        assertEquals(1, sin(Math.PI/2), EPSILON);
        assertEquals(0.8660254038, sin(Math.PI/3), EPSILON);
        assertEquals(0.7071067812, sin(Math.PI/4), EPSILON);
        assertEquals(0.5877852523, sin(Math.PI/5), EPSILON);
    }

    double sin(double radians) {
        double result = radians;
        double lastResult = 2;
        double m1 = -1;
        double sign = 1;
        double power = radians;
        double fac = 1;
        double r2 = radians * radians;
        int n = 1;
        while (!close(result, lastResult)) {
            lastResult = result;
            power *= r2;
            fac *= (n+1) * (n+2);
            n += 2;
            sign *= m1;
            double term = sign * power / fac;
            result += term;
        }

        return result;
    }

    boolean close(double a, double b) {
```

```
        return Math.abs(a - b) < .0000001;
    }
}
```

好了，现在对路了。等一下。TDD 发生了什么？我怎么知道算法确实能正常工作？我是说，代码也太多了。我如何敢说代码没错？

我们可以多测试几个值。啊，这些测试变得太臃肿。来做一下重构吧。

```
private void checkSin(double radians, double sin) {
    assertEquals(sin, sin(radians), EPSILON);
}

@Test
public void sines() throws Exception {
    checkSin(0, 0);
    checkSin(PI, 0);
    checkSin(PI/2, 1);
    checkSin(PI/3, 0.8660254038);
    checkSin(PI/4, 0.7071067812);
    checkSin(PI/5, 0.5877852523);

    checkSin(3* PI/2, -1);
}
```

好了，测试通过。再多试几个。

```
checkSin(2*PI, 0);
checkSin(3*PI, 0);
```

嗯，2π 可以，但 3π 不行，但很接近了：4.6130E-9。提高 close()函数中对比值的限度大概能解决问题，但那样做像是在作弊，而且对于 100π 或 1000π 估计也没用。更好的做法是减小角度至 0 到 2π 之间。

```
double sin(double radians) {
    radians %= 2*PI;
    double result = radians;
```

好了,可以了。负数又会如何呢?

```
checkSin(-PI, 0);
checkSin(-PI/2, -1);
checkSin(-3*PI/2, 1);
checkSin(-1000*PI, 0);
```

嗯,全都通过。那么,对于不能被 2π 整除的大数会怎样?

```
checkSin(1000*PI + PI/3, sin(PI/3));
```

哦,还是通过了。还有什么要尝试的?有没有可能导致失败的值呢?

哎呀,我真不知道。

TDD 不确定性原理

欢迎来到 TDD 不确定性原理的前半部分。无论试过多少值,我都无法排除有漏网之鱼的可能——有些输入值将会有错的输出值。

大多数函数都不会将你置于如此境地。大多数函数质量上乘,当你写完最后一个测试时,你就知道它能正常工作。但还是有些烦人的函数会让你怀疑某些值会导致失败。

想使用我们写下的那些测试来解决这个问题,唯一方法就是尝试每个可能值。双精度数有 64 位,也就是说,得写 2×10^{19} 测试。这远超我的忍受极限。

对于这个函数,我们可以信赖哪些点呢?我们相信泰勒级数能计算以弧度表示的角的正弦值吗?是的,我们见过数学证明,确信泰勒级数能算出正确值。

我们是否能将对泰勒级数的信任放到一组测试中,以资证明我们正确地使用了泰勒级数呢?

假使我们能够检查泰勒展开的每一项。例如，当计算 $\sin(\pi)$ 时，泰勒级数诸项为：
3.141592653589793，-2.0261201264601763，0.5240439134171688，-0.07522061590362306，
0.006925270707505149，-4.4516023820919976E-4，2.114256755841263E-5，-7.727858894175775E-7，
2.2419510729973346E-8。

我看不出这种测试相较之前的测试有何优异之处。这些值只能应用到特定测试，并不能说明这些项对于其他值是正确的。

不，我们需要其他东西。我们需要有结论性的东西。我们需要能证明我们使用的算法确实正确执行了泰勒级数运算。

好，什么是泰勒级数？泰勒级数是 x 的奇数幂除以奇数阶乘所得值的无限交替加减。

$$\sum_{n=1}^{\infty} (-1)^{(n-1)} \frac{x^{2n-1}}{(2n-1)!}$$

换言之……

$$x - \frac{x^3}{3!} + \frac{x^5}{5!} - \frac{x^7}{7!} + \frac{x^9}{9!} - \cdots$$

这对我有何帮助？嗯，如果有那么一个 Spy 告诉我泰勒级数诸项如何计算，我就能写出这样的测试：

```
@Test
public void taylorTerms() throws Exception {
    SineTaylorCalculatorSpy c = new SineTaylorCalculatorSpy();
    double r = Math.random() * PI;
    for (int n = 1; n <= 10; n++) {
        c.calculateTerm(r, n);
        assertEquals(n - 1, c.getSignPower());
        assertEquals(r, c.getR(), EPSILON);
        assertEquals(2 * n - 1, c.getRPower());
        assertEquals(2 * n - 1, c.getFac());
```

        }
}

给 r 赋随机值，给 n 赋所有合理的值，我就能避免使用特定值。我关注的是，对于某些 r 和 n，正确的数值"喂"给了正确的函数。如果这个测试通过，我就知道 sign、power 和 factorial 算式都得到了正确的输入。

使用以下简单代码就能让测试通过。

```java
public class SineTaylorCalculator {
    public double calculateTerm(double r, int n) {
        int sign = calcSign(n-1);
        double power = calcPower(r, 2*n-1);
        double factorial = calcFactorial(2*n-1);
        return sign*power/factorial;
    }

    protected double calcFactorial(int n) {
        double fac = 1;
        for (int i=1; i<=n; i++)
            fac *= i;
        return fac;
    }

    protected double calcPower(double r, int n) {
        double power = 1;
        for (int i=0; i<n; i++)
            power *= r;
        return power;
    }

    protected int calcSign(int n) {
        int sign = 1;
        for (int i=0; i<n; i++)
```

```
            sign *= -1;
        return sign;
    }
}
```

注意，我没有测试实际的计算函数。这些函数很简单，可能无须测试。从我后面要写的几个测试来看，这一点尤其正确。

下面是 Spy 代码：

```
package London_sine;

public class SineTaylorCalculatorSpy extends SineTaylorCalculator {
    private int fac_n;
    private double power_r;
    private int power_n;
    private int sign_n;
    public double getR() {
        return power_r;
    }

    public int getRPower() {
        return power_n;
    }

    public int getFac() {
        return fac_n;
    }

    public int getSignPower() {
        return sign_n;
    }

    protected double calcFactorial(int n) {
```

```
        fac_n = n;
        return super.calcFactorial(n);
    }

    protected double calcPower(double r, int n) {
        power_r = r;
        power_n = n;
        return super.calcPower(r, n);
    }

    protected int calcSign(int n) {
        sign_n = n;
        return super.calcSign(n);
    }

    public double calculateTerm(double r, int n) {
        return super.calculateTerm(r, n);
    }
}
```

既然测试通过了,编写求和算法又何难之有呢?

```
public double sin(double r) {
    double sin=0;
    for (int n=1; n<10; n++)
        sin += calculateTerm(r, n);
    return sin;
}
```

你可以抱怨它太低效,但你相不相信它确实有效?calculateTerm 函数正确地计算泰勒诸项了吗?sin 函数正确地将它们相加了吗?10 次遍历足够了吗?我们如何既不退回到之前那些原始值测试,又能测试它?

下面是个好玩的测试。sin(r)的所有值应该在-1 与 1(包括 1)之间。

```
@Test
public void testSineInRange() throws Exception {
    SineTaylorCalculator c = new SineTaylorCalculator();
    for (int i=0; i<100; i++) {
        double r = (Math.random() * 4 * PI) - (2 * PI);
        double sinr = c.sin(r);
        assertTrue(sinr < 1 && sinr > -1);
    }
}
```

测试通过。继续来。对于以下等式：

```
public double cos(double r) {
    return (sin(r+PI/2));
}
```

我们来测试毕达哥拉斯等式：$\sin^2 + \cos^2 = 1$。

```
@Test
public void PythagoreanIdentity() throws Exception {
    SineTaylorCalculator c = new SineTaylorCalculator();
    for (int i=0; i<100; i++) {
        double r = (Math.random() * 4 * PI) - (2 * PI);
        double sinr = c.sin(r);
        double cosr = c.cos(r);
        assertEquals(1.0, sinr * sinr + cosr * cosr, 0.00001);
    }
}
```

唔。在我将诸项数量调高到 20 之前，测试实际上一直失败。而 20 当然是个高到离谱的数字。但是，如我之前所言，这是个极端练习。

对于这些测试，我们对算出正确的正弦值有多少信心？我不知道你怎么想，但我很有信心。我知道正确的数值"喂"给了诸项。我能看到那个简单的算式，还能看到 sin 函数像个正弦的样子。

哦，太无聊了，为了好玩起见，我们做几个数值测试：

```
@Test
public void sineValues() throws Exception {
    checkSin(0, 0);
    checkSin(PI, 0);
    checkSin(PI/2, 1);
    checkSin(PI/3, 0.8660254038);
    checkSin(PI/4, 0.7071067812);
    checkSin(PI/5, 0.5877852523);
}
```

好，全都通过。非常棒。我解决了自己的信心问题。我不再担心没有正确地计算正弦。全拜那个 Spy 所赐！

TDD 不确定性原理（再来）

但是先等等。你是否知道，还有一种更好的正弦算法，叫作 CORDIC？不，这里不做解释，它超出了本章的写作范围。不过假设我们想修改我们的函数，用上那个 CORDIC 算法。

这下我们的 Spy 测试就会完蛋！

实际上，回顾一下我们在泰勒级数算法上投入了多少代码量。我们得到了整整两个类：`SineTaylorCalculator` 和 `SineTaylorCalculatorSpy`，全是为旧算法编写的。所有这些代码都得弃之不顾，重新做一套测试策略。

Spy 测试很脆弱。一旦修改算法，几乎所有测试都会被破坏，不得不修正甚至重写。

另外，我们的原始值测试仍然能通过新 CORDIC 算法，完全不用重写测试。

欢迎来到 TDD 不确定性原理的第二部分。如果你要求测试足够确定，那么测试与实现就不可避免地相互耦合，而且测试会变得脆弱。

> TDD 不确定性原理：确定性越高，测试越不灵活。测试越灵活，确定性越低。

伦敦派对决芝加哥派

TDD 不确定性原理也许会让测试看起来毫无价值,但事实并非如此。该原则只是对测试带来的好处做了一些约束而已。

一方面,我们不想要既僵化又脆弱的测试;另一方面,我们又想要得到尽可能高的确定性。作为工程师,我们需要在两者之间做出权衡。

脆弱的测试

TDD 新手常常遇到测试脆弱的问题,因为他们没有足够小心地设计测试。他们视测试为二等公民,违反了所有耦合与内聚规则。这导致一种情况:对生产代码的微小修改,哪怕只是一次小重构,都会导致许多测试失败,从而不得不大量修改测试代码。

测试失败,只能重写测试代码,于是人们开始对 TDD 失望和反对。许多年轻的 TDD 新手只是因为没明白要和设计生产代码一样好好设计测试,就违背了规则。

测试与生产代码耦合越紧密,测试就会越脆弱。很少有比 Spy 耦合得更紧密的测试。它深入算法核心,将测试与算法紧紧连在一起。由于 Mock 是一种 Spy,所以 Mock 也有耦合作用。

这是我不喜欢使用 Mocking 工具的原因之一。使用 Mocking 工具,常常会写出各种 Mock 和 Spy,测试也随之变得脆弱。

确定性问题

如果你像我一样要避免编写 Spy 代码,就只能用值(Value)与属性(Property)测试。值测试就像本章前面部分写到的一些对值的测试一样,不只是对比输入值与输出值。

属性测试类似本章前面介绍的 `testSineInRange` 和 `PythagoreanIdentity` 测试。属性测试可以在许多合理输入值中查找不变值。这些测试能给人以信心,但也常常存疑。

另外,这些测试与算法并不耦合,修改算法甚至只是重构算法,并不会影响测试。

如果你注重确定性甚于灵活性，大概会在测试中大量使用 Spy，也会容忍躲不开的测试脆弱问题。

然而，如果你注重灵活性甚于确定性，就和我比较像。比起 Spy，你更喜欢使用值测试和属性测试，会容忍测试的不确定性。

这两种做法衍生出两个 TDD 思想流派，并深深影响了我们所处的行业。对灵活性或确定性的选择，极大地影响生产代码的设计过程（如果不是影响生产代码设计本身的话）。

伦敦派

TDD伦敦派得名于史蒂夫·弗里曼（Steve Freeman）和纳特·普莱斯（Nat Pryce），他们住在伦敦，写了关于这个主题的书[1]。这个流派注重确定性甚于灵活性。

注意"甚于"一词。伦敦派人士并没有放弃灵活性。实际上，他们也非常注重灵活性。只不过他们愿意容忍一定程度的僵化，从而获得更多的确定性。

所以，如果你读读伦敦派人士写的测试，就会看到他们一以贯之地、相对不怎么约束地使用 Mock 和 Spy。

这种态度更加关注算法而非结果。对于伦敦派人士，结果固然重要，但获得结果的方法更加重要。这导致一种很有意思的设计实践手段：伦敦派由外向内式（Outside-in）实践。

遵循由外向内式实践的程序员从用户界面着手，每次只做一个用例，逐渐靠近业务规则。他们在每个边界使用 Mock 和 Spy，证明用以与内层沟通的算法。最终，他们遇到业务规则，实现它，连接到数据库，转身，使用 Mock 和 Spy 做测试，反向回到用户界面。

重申一下，整套由外向内的回路每次只做一个用例。

这种极度自律和守序的做法实际上非常有效。

---

[1] Steve Freeman, Nat Pryce, *Growing Object-Oriented Software, Guided by Tests* (Addison-Wesley, 2010).

芝加哥派

TDD 芝加哥派得名于当时驻地在芝加哥的 ThoughtWorks 公司。马丁·福勒（Martin Fowler）时任（直至本书写作之时也是）该司首席科学家。实际上，取名"芝加哥"还有些神秘原因。这个流派曾经被叫作底特律派。

芝加哥派注重灵活性甚于确定性。同样，注意"甚于"这个词。芝加哥派人士懂得确定性的价值所在，但选择写更灵活的测试。结果是他们更加关注结果而非交互过程和算法。

当然，由此形成了大为不同的设计哲学。芝加哥派人士倾向于由业务规则着手，再向着用户界面行进。这常常被叫作由内向外式（Inside-out）设计。

这种设计过程和伦敦派人士自律与守序的做法全然不同。芝加哥派人士不会从头至尾在满足整个用例之后才开始下一个用例。他们会使用值和属性测试实现几个业务规则，与用户界面完全无涉。用户界面，以及 UI 与业务规则之间的层，都会在必要时再实现。

芝加哥派人士也不会将业务规则直接连到数据库。芝加哥派人士通常不会每次只完成一个用例。相反，他们在软件不同层面上寻找重复或可以协同的元素。他们不会将用例的输入到输出缝成一条线，而是在软件各层间开辟一条更宽的路子，从业务规则开始，逐渐向外到用户界面和数据库。对于每一层，他们捕猎设计模式，以及抽象和泛化的机会。

相较伦敦派，芝加哥派略显无序，但也更具整体意义。以我拙见，这种做法始终关注于全景。

融合

尽管存在两种流派，尽管它们各有拥趸，但两派之间并未开战。纯粹只是意见相左而已。各持己见，各自实践。

实际上，芝加哥派与伦敦派在工作中都会使用这两种技术。不过有的用这个多一点儿，有的用那个多一点儿。

哪种流派才对路？其实都可以。我更喜欢芝加哥派，但你看过伦敦派的做法后也许会认为伦敦派的做法更舒服。对此我没有异议。实际上，我会很乐意与你结对编程，实现美妙的融合。

当我们开始考虑架构时，这种融合变得尤为重要。

架构

当权衡是采用伦敦派做法还是采用芝加哥派做法时，我会从架构角度来考虑。如果你读过《架构整洁之道》（*Clean Architecture*）[1]，就会知道我喜欢将系统切分成组件。我将组件之间的区隔称为边界。我的边界规则是，源代码依赖应当朝向更高层面跨越边界。

这意味着那些包含低层级细节的组件，例如图形用户界面（GUI）和数据库，依赖于业务规则等较高层面的组件。高层级组件不依赖于低层级组件。这是依赖倒置原则（Dependency Inversion Principle）的范例，也体现了 SOLID 中那个 D。

在编写最低层级程序员测试时，我使用 Spy（有时也用 Mock）来测试跨越架构边界的行为。换言之，在测试组件时，我使用 Spy 模拟协作组件，确保我测试的组件能正确调用其协作组件。所以，如果我的测试跨越了架构边界，我就成了伦敦派。

然而，如果测试没有跨越边界，我还是个芝加哥派。在组件内部，我更依靠状态和属性测试，将耦合保持在尽可能低的程度，也接受随之而来的脆弱性。

来看个例子。图 3.8 中的 UML 图表展示了一组类，以及容纳这些类的四个组件。

---

1 Robert C. Martin, *Clean Architecture: A Craftsman's Guide to Software Structure and Design* (Addison-Wesley, 2018).

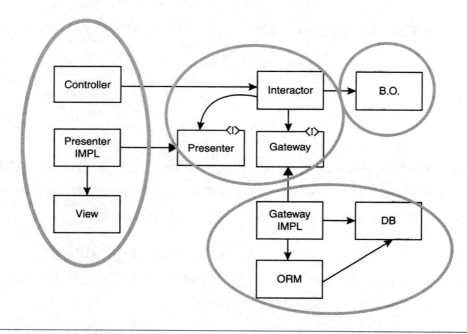

图3.8 一系列类和包含这些类的四个组件

注意那些从较低层级组件指向较高层级组件的箭头。它们体现了我在《架构整洁之道》中谈到的依赖规则。最高层的组件包含了 Business Object，往下一层包含了 Interactor 及通信界面组件。最低层是 GUI 及 Database。

在测试 Business Object 时，我们可以用 Stub，但不需要用 Spy 或 Mock，因为 Business Object 并不了解其他组件的情况。

另外，Interactor 会操作 Business Object、Database 和 GUI。我们的测试多半会使用 Spy 来确保正确操作 Database 和 GUI。然而，在那些 Interactor 与 Business Object 之间，我们大概不会用到很多 Spy 甚至 Stub，因为 Business Object 函数的成本可能并不高昂。

在测试 Controller 时，我们总是一定会使用 Spy 来代表 Interactor，因为我不愿意牵涉 Database 或 Presenter。

Presenter 很有趣。我们将其看作 GUI 组件的一部分，但实际上我们会用 Spy 来测试它。我们不愿意在真实的 View 里面测试，所以大概会需要第五个组件来将视图与 Controller 及 Presenter 分开。

最后这一点点复杂情况很常见。我们常会因测试的需求而修改组件边界。

小结

在本章中，我们考察了 TDD 的一些高级话题：从算法的增量开发到卡壳问题，从测试的有限状态机性质到测试替身和 TDD 不确定性原理。但我们还没谈完，还有更多话题。所以，先喝杯热茶，将不可能发生引擎[1]的功率调到无限大吧。

---

1 源自《银河系漫游指南》。——译者注

第4章 设计

回顾第 2 章"测试驱动开发"中谈到的 TDD 三法则，你也许会以为 TDD 是雕虫小技：遵循三法则就万事大吉。事实远非如此。TDD 的水很深，涉及许多层面，需要旷日持久地学习才能掌握。

在本章中，我们将检视这些软件层面中的几个，从数据库和 GUI 等各种测试难题，到驱动良好测试设计的设计原则，到测试模式，再到一些理论上的深奥可能性。

测试数据库

测试数据库的第一规则：*不要测试数据库*。没必要测试数据库。可以假定数据库工作正常。如果不正常，你很快就会发现。

你真正要测试的是查询。或者说，你要测试的是发给数据库的命令是否正确。如果你直接写 SQL 的话，你就是要测试 SQL 语句是否如预期那般执行。如果你使用 Hibernate 等 ORM 框架的话，你就是要测试 Hibernate 是否按照你的意图操作数据库。如果你使用 NoSQL 数据库，你就是要测试所有数据库存取行为是否如你所愿。

这些测试都不需要你测试业务规则，它们只针对查询。所以，测试数据库的第二规则是，*将数据库从业务规则解耦*。

我们创建一套我称之为 **Gateway**[1] 的接口来做解耦操作，如图 4.1 所示。在 **Gateway** 接口中，我们为所有要操作的查询创建对应方法。例如，要从数据库中获取 2001 年之后入职的 **Employees** 信息，我们可以调用 **getEmployeesHiredAfter(2001)** 方法。

1　Martin Fowler, *Patterns of Enterprise Application Architecture* (Addison-Wesley, 2003), 466.

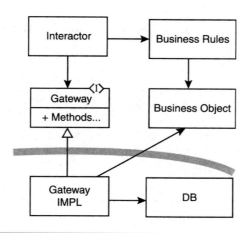

图4.1 测试数据库

我们要在数据库上执行的增、删、查、改等所有查询操作，在 Gateway 接口中都有对应方法。当然，也可以有多个 Gateway，这取决于我们希望如何切分数据库。

GatewayImpl 类实现 Gateway 接口，指向真实数据库，以便执行函数所需操作。如果使用 SQL 数据库，则在 GatewayImpl 类中创建 SQL 语句。如果使用 ORM，则在 GatewayImpl 中操作 ORM 框架。在分隔 Gateway 和 GatewayImpl[1] 的架构边界之上，没有 SQL，没有 ORM 框架，也没有数据库 API。

实际上，在边界之上，我们甚至不想关心数据库的组织结构。GatewayImpl 应当打散从数据库获取的行或数据元素，构建业务对象，穿过边界，送到 Business Rules 层。

这样一来，测试数据库就成了举手之劳。创建合适的简单测试数据库，在测试中逐个调用 GatewayImpl 的查询函数，确保达到测试数据库所需的效果。确保每个查询函数都能返回一组合适的 Business Object。确保每个增、删、查、改动作都正确操作了数据库。

不要使用生产数据库做测试。创建刚好有足够数据行数的测试数据库，证明测试有效。备份这个数据库。在运行测试之前，恢复数据库，这样测试就总能操作同样的数据。

当测试 Business Rules 时，用 Stub 和 Spy 来替代 GatewayImpl 类。不要用真实数据库测试

---

1 Martin Fowler, *Patterns of Enterprise Application Architecture* (Addison-Wesley, 2003), 466.

Business Rules。这样做的话速度慢，而且容易出错。只需要测试 Business Rules，以及 Interactor 能够正确操作 Gateway 接口就行了。

测试 GUI

GUI 测试的规则如下：

1. 不要测试 GUI。
2. 测试 GUI 之外的其他所有部分。
3. GUI 比你想象得要小。

先来解决第三规则。GUI 要比你想象中小得多。GUI 只是软件中很小的元素，用来在屏幕上呈现信息。它大概是软件中最小的部分。它本身也是软件——构建命令，传递给真正在屏幕上绘制像素的引擎。

对于基于网页的系统，GUI 是构建 HTML 的软件。对于桌面系统，GUI 是调用图形控制软件 API 的软件。作为软件设计者，你的职责是做出尽可能小的 GUI 软件。

例如，这个软件有必要知道如何格式化日期、货币或数字吗？不。有其他模块干这事。GUI 只需要得到经过恰当格式化的日期、货币或数字的字符串。

我们将那个"其他模块"称作 **Presenter**。Presenter 负责格式化和安放要在屏幕上或窗口中显示的数据。它做好分内事，让我们可以把 GUI 做到极小。

举例说明，Presenter 模块决定每个按钮和菜单项的状态。它规定它们的名称，决定它们是否该变灰。如果某个按钮要根据窗口状态改变其名称，是 Presenter 去获得窗口状态，修改按钮名称。如果需要在屏幕上显示一张数字表格，是 Presenter 创建出容纳字符串的表格，并且正确地格式化和安放这些字符串。如果某些字段应该用特别的颜色或字体显示，也是 Presenter 负责决定颜色与字体。

Presenter 负责格式化和位置安排等细节，产生装满字符串和标识的简单数据结构。GUI 拿这种数据结构来构建命令，并传送到屏幕。当然，GUI 也因此变得非常小。

Presenter 创建的数据结构常常被称作 View Model（视图模型）。

在图 4.2 中，Interactor 负责告知 Presenter 应该在屏幕上呈现什么数据。通信方式是将一个或多个数据结构通过一组函数传递给 Presenter。真正的呈现器躲在 Presenter 接口后面，不与 Interactor 见面。这样就能防止高层级 Interactor 依赖于较低层级 Presenter 的实现。

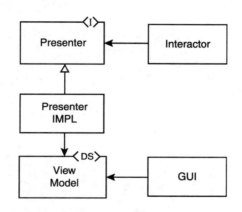

图4.2　Interactor的职责是告知Presenter在屏幕上呈现哪些数据

Presenter 构建 View Model 数据结构，GUI 将其翻译为控制屏幕的命令。

显然，可以为 Presenter 做一个 Spy，从而测试 Interactor。同样，显然也可以通过传送命令给 Presenter，并检视 View Model 中的结果来测试 Presenter。

（使用自动化单元测试）唯一不易测试的是 GUI 本身，所以我们要把它做小。

当然，GUI 还是能被测试的，只不过需要你用眼睛看而已。这件事相当简单，随手传一组 View Model 到 GUI，看看这些 View Model 是否被正确渲染就可以了。

你甚至还可以用一些工具来自动化最后这步，但我通常建议不要用。这些工具往往既缓慢又脆弱。而且，GUI 大多是非常易变的模块。当有人想改变屏幕上什么东西的外观时，势必会影响 GUI 代码。所以，为最后那点儿事编写自动化测试常常是浪费时间，因为那部分代码会频繁变动，测试也很难持续有效。

GUI 输入

测试 GUI 输入也遵循上述规则。我们尽量不直接驱动 GUI。在图 4.3 中，GUI Framework 是系统边界上的代码。它可能是网页容器，也可能是 Swing 或 Processing 之类控制桌面的东西。

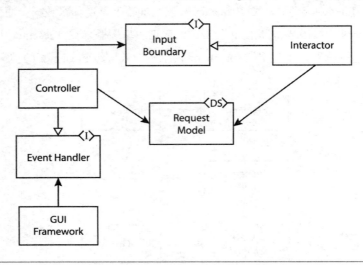

图4.3　测试GUI

GUI Framework 通过 `EventHandler` 接口与 Controller 通信。这能确保 Controller 不会与 GUI Framework 有源代码级别的依赖关系。Controller 的职责是从 GUI Framework 收集必要事件，放置到我称之为 `RequestModel` 的纯数据结构里面。

`RequestModel` 完成后，Controller 将其通过 `InputBoundary` 接口传递给 Interactor。这个接口同样也确保源代码依赖符合架构指向。

测试 Interactor 轻而易举。只要创建合适的 Request Model，传递给 Interactor 就好。我们可以直接检查结果，也可以使用 Spy。测试 Controller 也轻而易举。我们的测试只是通过 `EventHandler` 接口唤起事件，确保 Controller 构建了正确的 Request Model。

测试模式

有多种测试设计模式，也有好几本这个主题的书，如杰拉德·梅萨罗斯（Gerard Meszaros）

的《xUnit测试模式》(*xUnit Test Patterns*)[1]、J.B.雷斯伯格(J.B.Rainsberger)与斯科特·斯特林(Scott Stirling)合著的*JUnit Recipes*[2]等。

我不想在这里阐述所有这些模式和秘诀，只想说说根据多年经验我发现最有用的其中三种。

专为测试创建子类

这种模式基本上被当作一种安全机制来使用。例如，假设你想测试 XRay 类的 `align` 方法，但 `align` 方法调用了 `turnOn` 方法。你不会想在每次运行测试时都启动 X 射线机。

图 4.4 的解决方案专为测试创建了 XRay 类的子类，它重写 `turnOn` 方法。重写的 `turnOn` 方法什么也不做。测试创建 SafeXRay 类的实例，调用 `assign` 方法。不必担心 X 射线机会启动。

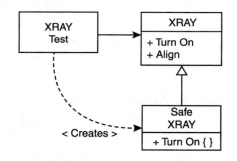

图4.4　专为测试创建子类

为测试创建 Spy 类型的子类常常很有用。测试可以询问安全的类对象，检查不安全的方法是否确实被调用了。

在上例中，如果 SafeXRay 是个 Spy，`turnOn` 方法就能记录其被调用情况，XRayTest 类中的测试方法可以查询记录，确保 `turnOn` 确实被调用。

有时，为测试编写子类的目的不在于安全，而在于便利和吞吐量。例如，你也许不希望被

---

[1] Gerard Meszaros, *xUnit Test Patterns: Refactoring Test Code* (Addison-Wesley, 2012).
[2] J. B. Rainsberger, Scott Stirling, *JUnit Recipes: Practical Methods for Programmer Testing* (Manning, 2006).（中文版《JUnit Recipes 中文版——程序员实用测试技巧》由电子工业出版社出版。——译者注）

测试的方法启动新进程，或者不希望其执行成本高昂的运算。

将危险、不便或者缓慢的操作抽取为新方法，以便在为测试编写的子类中重写，这是常见的做法，也是测试对代码设计产生影响的一种情况。

自励

这种做法的变体之一是自励（Self-Shunt）模式。既然测试类就是一个类，将其设计成测试对象的子类常常很方便。如图4.5所示。

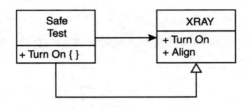

图4.5　自励模式

在本例中，`XRayTest` 类重写 `turnOn` 方法，也可以充当该方法的 Spy。

我发现，在需要用到简单 Spy 或者方便实现的安全模式时，自励模式得心应手。另外，由于没有将提供安全性或 Spy 功能的类独立出来，赋予其像样的名字，读者可能会感到迷惑。所以，我会谨慎地采用这模式。

切记，当采用这种模式时，不同的测试框架每次会构造出不同的测试类。例如，JUnit 会为每个测试方法调用构造测试类的新实例。而 NUnit 则在测试类的单一实例中执行全部测试方法。所以，要注意是否正确设置了 Spy 变量。

HUMBLE OBJECT

我们会认为，系统中的每一处代码都可以采用 TDD 三法则来测试，但这并不全对。跨越硬件边界通信的代码很难测试。

例如，很难测试在屏幕上显示的内容。很难测试从网络接口传出去的信息。很难测试从并行或串行 I/O 端口发出去的内容。如果没有可与测试通信的特别设计的硬件机制，这类测试不可能实现。

而且，这类硬件机制也许缓慢和/或不可靠。例如，设想一台拍摄屏幕的摄像机，你的代码拼命想判断摄像机拍到的图像是不是你发到屏幕的图像。再设想一条回环网线，从网络适配器的输出端口连接到输入端口。你的测试得读取从输入端口进来的数据流，查找你送到输出端口的特定数据。

在多数情况下，这类特制硬件就算不是完全不实用，起码也不便于使用。

Humble Object（小角色对象）模式是一种妥协方案。这种模式承认有些代码不能被切实地测试。该模式的目标是将代码弄得简单到不需要测试。在"测试 GUI"一节中，我们看到了简单示例，现在来深入探讨一下。

一般策略如图 4.6 所示。跨越边界通信的代码被切为两个元素：Presenter 和 Humble Object（这里体现为 `HumbleView`）。两者之间的通信内容是名为 `Presentation` 的数据结构。

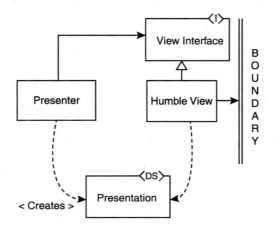

图4.6 一般策略

假设我们的应用（这里没有画出来）想要在屏幕上显示一些内容。它将合适的数据发送给 Presenter。Presenter 将数据打散为尽量简单的形态，装载到 `Presentation` 中。这个操作的目的是只留下 `HumbleView` 中那些最简单的操作步骤。`HumbleView` 的作用仅限于将 `Presentation`

中打散的数据送过边界。

再具体一些。假设应用程序想要显示一个对话框，上面有"发送"和"取消"两个按钮，还有订单号选择列表，以及日期和货币的选择控件。应用程序传送给 Presenter 的数据包括这个数据控件，以 `Date` 和 `Money` 对象的形态存在。它还传送一个可选择的 `Order` 对象列表，用来在菜单中显示。

Presenter 的工作是将这些数据全都转换成字符串和标识，装载到 Presentation 中。`Money` 和 `Date` 对象被转换为对应所在地区的特定字符串。`Order` 对象被转换为 ID 字符串。两个按钮的名称也是字符串。如果某个按钮显示灰色，则要在 Presentation 中设置合适的标识。

最终结果是，`HumbleView` 只是将这些字符串，还有标识代表的元数据送过边界，除此之外什么也不做。如上所述，其目的是将 `HumbleView` 写得简单到不需要测试。

除了显示，对于穿越边界的其他部件，这套策略显然也有用。

比如，我们为自动驾驶车辆编写软件。假设方向盘由一个步进电机控制，每一步移动一度。我们的软件用以下命令控制步进电机。

```
out(0x3ff9, d);
```

`0x3ff9` 是步进电机控制器的 I/O 地址，当 `d` 为 1 时向右转，当 `d` 为 0 时向左转。

在较高层级，自动驾驶 AI 向 `SteeringPresenter` 发送以下形式的命令：

```
turn(RIGHT, 30, 2300);
```

意思是，车辆（不是方向盘！）会在接下来的 2300 毫秒里向右转 30 度。为了达到这个目的，方向盘得以特定速率向右转特定步数，然后以固定速率回正。这样，在 2300 毫秒后，车辆正好向右转了 30 度。

如何测试 AI 正确地控制着方向盘？我们需要简化方向盘底层控制软件。向它传递一个 Presentation，其数据结构是一个数组，如下所示：

```
struct SteeringPresentationElement{
  int steps;
  bool direction;
  int stepTime;
  int delay;
};
```

底层控制器读入数组，将 `steps` 的正确读数和 `direction`（方向）发送给步进电机，在每一步之间等待 `stepTime` 毫秒，在处理数组中下一元素之前等待 `delay` 毫秒。

`SteeringPresenter` 的任务是将 AI 发出的命令翻译为 `SteeringPresentationElements` 数组。为了达到这一目的，`SteeringPresenter` 需要知道车速，以及方向盘角度与轮胎角度之间的对应关系。

很清楚，`SteeringPresenter` 易于测试。测试只需要向 `SteeringPresenter` 发送合适的 `Turn` 命令，再检测 `SteeringPresentationElements` 中的结果即可。

最后，注意图中的 `ViewInterface`。如果我们将 `ViewInterface`、`Presenter` 和 `Presentation` 看作某个组件中的元素，那么 `HumbleView` 依赖于那个组件。这个架构策略能让较高层级的 `Presenter` 不依赖于 `HumbleView` 的具体实现。

测试设计

我们都知道，要设计好生产代码。但你是否考虑过测试的设计呢？很多程序员都没考虑过。实际上，很多程序员只是随便写测试，从不思考应该如何设计测试。这会导致一些问题。

脆弱测试问题

困扰 TDD 新手程序员的难题之一是脆弱测试。如果对生产代码的小改动导致多个测试失败，则测试集就是脆弱的。生产代码改动越小，失败的测试数量越多，问题就越烦人。实际上，很多程序员就是因为这个问题而在入门几个月内就放弃了 TDD。

脆弱性永远是个设计问题。如果对某个模块的一些小修改导致其他模块的大量修改，就会出现明显的设计问题。小修改造成大破坏，就是所谓低劣设计。

要像设计系统其他部分那样设计测试。应用于生产代码的一切设计规则，也该应用于测试。就此而言，测试并不特别。应当合理设计测试，限制其脆弱性。

TDD 极早期的指引忽视了测试的设计。实际上，有些指引甚至建议采用与良好设计相悖的结构，导致测试与生产代码紧密耦合，从而变得十分脆弱。

一一对应

在生产代码模块与测试模块间创建和维护一一对应关系，这种常见做法特别有害。TDD 新手常受到错误教育，以为每个名为 χ 的生产模块或类都该有个名为 χTest 的对应测试模块。

不幸的是，这在生产代码与测试集之间造成了极强的结构性耦合。这种耦合导致脆弱测试。当程序员每次想修改生产代码的模块结构时，都不得不修改测试代码的模块结构。

用图 4.7 来展示这种结构性耦合吧。

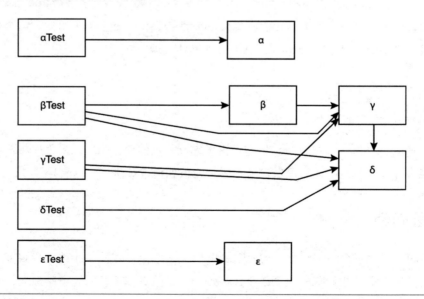

图4.7 结构性耦合

在图 4.7 右侧，我们看到 5 个生产代码模块：α、β、γ、δ 和 ε。α 和 ε 模块独立在外，β 与 γ 耦合，而 γ 又与 δ 耦合。左侧是测试模块。注意，每个测试模块都与对应的生产代码模块相耦合。不过，由于 β 与 γ、δ 耦合，βTest 有可能也与 γ、δ 耦合。

这种耦合可能不太明显。βTest 会与 γ、δ 耦合的原因是，β 有可能需要用 γ 和 δ 来构造，或者 β 方法可能会用 γ 和 δ 做参数。

βTest 与如此多的生产代码之间有强耦合关系，这意味着对 δ 的小修改可能会影响 βTest、γTest 和 δTest。所以，测试与生产代码之间的一一对应关系会导致非常强的耦合和脆弱性。

规则 12：将测试的结构与生产代码的结构解耦。

打破对应关系

要想打破或不建立测试与生产代码的对应关系，需要像看待软件系统其他模块那样来看待测试模块：独立，互不耦合。

乍看起来这太荒唐。你也许会认为，测试必然与生产代码耦合，因为测试调用生产代码。确实如此，但结论错误。调用不一定意味着强耦合。实际上，优秀的设计者在允许代码彼此交互、调用的同时，也一直努力打破强耦合关系。

如何做到？方法是创建接口层。

在图 4.8 中，我们可以看到，αTest 与 α 耦合。在 α 之后，我们看到一组支持 α 的模块，但这些模块与 αTest 不直接相关。模块 α 是这些模块的对外接口。优秀程序员会非常小心地确保该接口不会泄露 α 模块组的任何细节。

如图 4.9 所示，训练有素的程序员可以通过插入多态接口来隔开 αTest 与 α 模块组的细节。这打破了测试模块与生产代码模块间的依赖关系。

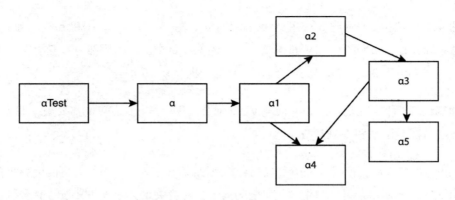

图4.8 接口层

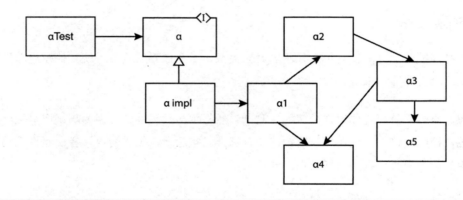

图4.9 在测试与α群组之间插入多态接口

对 TDD 新手而言,这看起来有些荒唐。你可能会问,如果从 αTest 中访问不了 α5,又如何编写对 α5 的测试呢?答案很简单,要测试 α5 的功能,并不需要访问 α5。

若 α5 执行某个 α 所需的重要功能,则该功能必能通过 α 接口来测试。这不是随意制定的规则,而是一种状态或数学确定性。如果某个行为很重要,也就一定能在接口中看到。也许直接可见,也许间接可见,但一定存在。

也许用一个例子来说明比较好。

VIDEO STORE

Video Store（录像带租赁店）是个演示测试如何与生产代码分开的老例子。具有讽刺意味的是，这个例子源于意外。最初它是马丁·福勒在《重构》第一版[1]中的示例。马丁展示了一套缺乏测试的丑陋Java解决方案，然后重构代码，使之条理分明。

在本例中，我将使用 TDD 从头创建程序。在推进过程中，你将通过阅读测试了解需求。

需求一：普通影片第一天租金 1.50 美元，且每天获得 1 积分。

红灯：编写 `CustomerTest` 测试类，添加首个测试方法。

```java
public class CustomerTest {
    @Test
    public void RegularMovie_OneDay() throws Exception {
        Customer c = new Customer();
        c.addRental("RegularMovie", 1);
        assertEquals(1.5, c.getRentalFee(), 0.001);
        assertEquals(1, c.getRenterPoints());
    }
}
```

绿灯：稍做工作通过测试。

```java
public class Customer {
    public void addRental(String title, int days) {
    }

    public double getRentalFee() {
        return 1.5;
    }
```

---

1 Martin Fowler, *Refactoring* (Addison-Wesley, 1999).

```java
    public int getRenterPoints() {
        return 1;
    }
}
```

重构:大幅改进代码。

```java
public class CustomerTest {
    private Customer customer;

    @Before
    public void setUp() throws Exception {
        customer = new Customer();
    }

    private void assertFeeAndPoints(double fee, int points) {
        assertEquals(fee, customer.getRentalFee(), 0.001);
        assertEquals(points, customer.getRenterPoints());
    }

    @Test
    public void RegularMovie_OneDay() throws Exception {
        customer.addRental("RegularMovie", 1);
        assertFeeAndPoints(1.5, 1);
    }
}
```

需求二:普通影片在第二天和第三天免租金,也不获得积分。

绿灯:不必修改生产代码。

```java
@Test
public void RegularMovie_SecondAndThirdDayFree() throws Exception {
    customer.addRental("RegularMovie", 2);
    assertFeeAndPoints(1.5, 1);
    customer.addRental("RegularMovie", 3);
    assertFeeAndPoints(1.5, 1);
}
```

需求三：之后每天租金 1.50 美元，获得 1 积分。

红灯：测试很简单。

```
@Test
public void RegularMovie_FourDays() throws Exception {
    customer.addRental("RegularMovie", 4);
    assertFeeAndPoints(3.0, 2);
}
```

绿灯：不难解决。

```
public class Customer {
    private int days;

    public void addRental(String title, int days) {
        this.days = days;
    }

    public double getRentalFee() {
        double fee = 1.5;
        if (days > 3)
            fee += 1.5 * (days - 3);
        return fee;
    }

    public int getRenterPoints() {
        int points = 1;
        if (days > 3)
            points += (days - 3);
        return points;
    }
}
```

重构：有多处重复代码可以消除，不过这会带来一些麻烦。

```java
public class Customer {
    private int days;

    public void addRental(String title, int days) {
        this.days = days;
    }

    public int getRentalFee() {
        return applyGracePeriod(150, 3);
    }

    public int getRenterPoints() {
        return applyGracePeriod(1, 3);
    }

    private int applyGracePeriod(int amount, int grace) {
        if (days > grace)
            return amount + amount * (days - grace);
        return amount;
    }
}
```

红灯：我们打算在积分和租金计算部分都使用 applyGracePeriod 方法，但租金是 double 类型，而积分则是 int 类型。货币永远不该是双精度数！所以我们将 fee 改为 int 类型，所有测试都失败了。需要回头修正全部测试。

```java
public class CustomerTest {
    private Customer customer;

    @Before
    public void setUp() throws Exception {
        customer = new Customer();
```

```
    }

    private void assertFeeAndPoints(int fee, int points) {
        assertEquals(fee, customer.getRentalFee());
        assertEquals(points, customer.getRenterPoints());
    }

    @Test
    public void RegularMovie_OneDay() throws Exception {
        customer.addRental("RegularMovie", 1);
        assertFeeAndPoints(150, 1);
    }

    @Test
    public void RegularMovie_SecondAndThirdDayFree() throws Exception {
        customer.addRental("RegularMovie", 2);
        assertFeeAndPoints(150, 1);
        customer.addRental("RegularMovie", 3);
        assertFeeAndPoints(150, 1);
    }

    @Test
    public void RegularMovie_FourDays() throws Exception {
        customer.addRental("RegularMovie", 4);
        assertFeeAndPoints(300, 2);
    }
}
```

需求四：儿童影片每天租金 1.00 美元，每次租借获得 1 积分。

红灯：首日的业务规则很简单：

```
@Test
public void ChildrensMovie_OneDay() throws Exception {
    customer.addRental("ChildrensMovie", 1);
```

```
        assertFeeAndPoints(100, 1);
}
```

绿灯：只要写几行丑代码，测试就很容易通过。

```
public int getRentalFee() {
    if (title.equals("RegularMovie"))
        return applyGracePeriod(150, 3);
    else
        return 100;
}
```

重构：现在得清理这些丑代码。影片类型并不必与片名绑定。我们创建一套分类体系。

```
public class Customer {
    private String title;
    private int days;
    private Map <String, VideoType> movieRegistry = new HashMap<>();

    enum VideoType {REGULAR,CHILDRENS};

    public Customer() {
        movieRegistry.put("RegularMovie", REGULAR);
        movieRegistry.put("ChildrensMovie", CHILDRENS);
    }

    public void addRental(String title, int days) {
        this.title = title;
        this.days = days;
    }

    public int getRentalFee() {
        if (getType(title) == REGULAR)
            return applyGracePeriod(150, 3);
        else
```

```
        return 100;
    }

    private VideoType getType(String title) {
        return movieRegistry.get(title);
    }

    public int getRenterPoints() {
        return applyGracePeriod(1, 3);
    }

    private int applyGracePeriod(int amount, int grace) {
        if (days > grace)
            return amount + amount * (days - grace);
        return amount;
    }
}
```

好一些了，但这样做违背了单一权责原则（Single Responsibility Principle）[1]，因为Customer类不该承担影片分类的初始化责任。分类应当在早一些的系统配置中初始化。我们将分类从Customer中分离出来：

```
public class VideoRegistry {
    public enum VideoType {REGULAR,CHILDRENS}

    private static Map <String, VideoType> videoRegistry =
                new HashMap<>();

    public static VideoType getType(String title) {
        return videoRegistry.get(title);
    }
```

---

[1] Robert C. Martin, *Clean Architecture: A Craftsman's Guide to Software Structure and Design* (Addison- Wesley, 2018), 61ff.

```
    public static void addMovie(String title, VideoType type) {
        videoRegistry.put(title, type);
    }
}
```

VideoRegistry是一种Monostate[1]类，只会有一个实例。测试中对其进行静态初始化：

```
@BeforeClass
public static void loadRegistry() {
    VideoRegistry.addMovie("RegularMovie", REGULAR);
    VideoRegistry.addMovie("ChildrensMovie", CHILDRENS);
}
```

这样一来，Customer 类就清爽多了。

```
public class Customer {
    private String title;
    private int days;

    public void addRental(String title, int days) {
        this.title = title;
        this.days = days;
    }

    public int getRentalFee() {
        if (VideoRegistry.getType(title) == REGULAR)
            return applyGracePeriod(150, 3);
        else
            return 100;
    }

    public int getRenterPoints() {
        return applyGracePeriod(1, 3);
```

---

1 Robert C. Martin, *Agile Software Development: Principles, Patterns, and Practices* (Prentice Hall, 2003), 180ff.

```
    }

    private int applyGracePeriod(int amount, int grace) {
        if (days > grace)
            return amount + amount * (days - grace);
        return amount;
    }
}
```

红灯：注意，需求四说明，顾客每租一部儿童影片获得 1 积分，不按天计。故下一个测试看起来像以下这样。

```
@Test
public void ChildrensMovie_FourDays() throws Exception {
    customer.addRental("ChildrensMovie", 4);
    assertFeeAndPoints(400, 1);
}
```

我选择用 4 天做参数，因为 3 是在 Customer 类的 getRenterPoints 方法中调用 apply-GracePeriod 时的参数。（在实践 TDD 时，我们或会时不时假装天真，但确实把握得住大局。）

绿灯：有了分类，很容易修复。

```
public int getRenterPoints() {
    if (VideoRegistry.getType(title) == REGULAR)
        return applyGracePeriod(1, 3);
    else
        return 1;
}
```

此时，我希望你注意，VideoRegistry 类没有测试，起码没有直接测试。实际上，VideoRegistry 类被间接测试，因为如果它功能不正常，其他测试就不能通过。

红灯：截至目前，Customer 类只能处理单部影片。我们来确保它能处理多部影片。

```java
@Test
public void OneRegularOneChildrens_FourDays() throws Exception {
    customer.addRental("RegularMovie", 4); //$3+2p
    customer.addRental("ChildrensMovie", 4); //$4+1p

    assertFeeAndPoints(700, 3);
}
```

绿灯：只不过是个小列表，以及几个循环。将分类相关处理放到新的 Rental 类也不错。

```java
public class Customer {
    private List<Rental> rentals = new ArrayList<>();

    public void addRental(String title, int days) {
        rentals.add(new Rental(title, days));
    }

    public int getRentalFee() {
        int fee = 0;
        for (Rental rental: rentals) {
            if (rental.type == REGULAR)
                fee += applyGracePeriod(150, rental.days, 3);
            else
                fee += rental.days * 100;
        }
        return fee;
    }

    public int getRenterPoints() {
        int points = 0;
        for (Rental rental: rentals) {
            if (rental.type == REGULAR)
                points += applyGracePeriod(1, rental.days, 3);
```

```
            else
                points++;
        }
        return points;
    }

    private int applyGracePeriod(int amount, int days, int grace) {
        if (days > grace)
            return amount + amount * (days - grace);
        return amount;
    }
}

public class Rental {
    public String title;
    public int days;
    public VideoType type;

    public Rental(String title, int days) {
        this.title = title;
        this.days = days;
        type = VideoRegistry.getType(title);
    }
}
```

这样做，旧测试就失败了，因为 Customer 类现在累加了两个租借行为：

```
@Test
public void RegularMovie_SecondAndThirdDayFree() throws Exception {
    customer.addRental("RegularMovie", 2);
    assertFeeAndPoints(150, 1);
    customer.addRental("RegularMovie", 3);
    assertFeeAndPoints(150, 1);
}
```

我得将测试一分为二。这样大概会好一些。

```
@Test
public void RegularMovie_SecondDayFree() throws Exception {
    customer.addRental("RegularMovie", 2);
    assertFeeAndPoints(150, 1);
}

@Test
public void RegularMovie_ThirdDayFree() throws Exception {
    customer.addRental("RegularMovie", 3);
    assertFeeAndPoints(150, 1);
}
```

重构：Customer 类有太多我不喜欢的糟糕代码。那个奇怪的 if 语句里面有两个丑陋的循环，代码很糟心。可以从这些循环中抽取出几个更好的小方法。

```
public int getRentalFee() {
    int fee = 0;
    for (Rental rental: rentals)
        fee += feeFor(rental);
    return fee;
}

private int feeFor(Rental rental) {
    int fee = 0;
    if (rental.getType() == REGULAR)
        fee += applyGracePeriod(150, rental.getDays(), 3);
    else
        fee += rental.getDays() * 100;
    return fee;
}

public int getRenterPoints() {
```

```
    int points = 0;
    for (Rental rental: rentals)
        points += pointsFor(rental);
    return points;
}

private int pointsFor(Rental rental) {
    int points = 0;
    if (rental.getType() == REGULAR)
        points += applyGracePeriod(1, rental.getDays(), 3);
    else
        points++;
    return points;
}
```

这两个私有函数看起来更多地与 Rental 有关,而非与 Customer 有关。将它们移近其工具函数 applyGracePeriod。Customer 类更清晰了。

```
public class Customer {
    private List<Rental> rentals = new ArrayList<>();

    public void addRental(String title, int days) {
        rentals.add(new Rental(title, days));
    }

    public int getRentalFee() {
        int fee = 0;
        for (Rental rental: rentals)
            fee += rental.getFee();
        return fee;
    }
    public int getRenterPoints() {
        int points = 0;
        for (Rental rental: rentals)
```

```
            points += rental.getPoints();
        return points;
    }
}
```

Rental 类尺寸大了很多,而且也更丑陋了。

```
public class Rental {
    private String title;
    private int days;
    private VideoType type;

    public Rental(String title, int days) {
        this.title = title;
        this.days = days;
        type = VideoRegistry.getType(title);
    }

    public String getTitle() {
        return title;
    }

    public VideoType getType() {
        return type;
    }

    public int getFee() {
        int fee = 0;
        if (getType() == REGULAR)
            fee += applyGracePeriod(150, days, 3);
        else
            fee += getDays() * 100;
        return fee;
    }
```

```
public int getPoints() {
    int points = 0;
    if (getType() == REGULAR)
        points += applyGracePeriod(1, days, 3);
    else
        points++;
    return points;
}

private static int applyGracePeriod(int amount, int days, int grace)
{
    if (days > grace)
        return amount + amount * (days - grace);
    return amount;
}
}
```

得干掉这些丑陋的 `if` 语句。每增加一种影片类型，就得加一条这类语句。用一些子类和多态手段做清理。

首先是抽象类 `Movie`。`Movie` 类包括 `applyGracePeriod` 工具方法，还有两个抽象函数，用于获得租金和积分。

```
public abstract class Movie {
    private String title;

    public Movie(String title) {
        this.title = title;
    }

    public String getTitle() {
        return title;
    }

    public abstract int getFee(int days, Rental rental);
```

```
    public abstract int getPoints(int days, Rental rental);

    protected static int applyGracePeriod(int amount, int days, int grace) {
        if (days > grace)
            return amount + amount * (days - grace);
        return amount;
    }
}
```

RegularMovie 类很简单:

```
public class RegularMovie extends Movie {
    public RegularMovie(String title) {
        super(title);
    }

    public int getFee(int days, Rental rental) {
        return applyGracePeriod(150, days, 3);
    }

    public int getPoints(int days, Rental rental) {
        return applyGracePeriod(1, days, 3);
    }
}
```

ChildrensMovie 类尤为简单:

```
public class ChildrensMovie extends Movie {
    public ChildrensMovie(String title) {
        super(title);
    }

    public int getFee(int days, Rental rental) {
        return days * 100;
    }
}
```

```
    public int getPoints(int days, Rental rental) {
        return 1;
    }
}
```

Rental 类剩下的东西就不多了，只有几个代理函数。

```
public class Rental {
    private int days;
    private Movie movie;

    public Rental(String title, int days) {
        this.days = days;
        movie = VideoRegistry.getMovie(title);
    }

    public String getTitle() {
        return movie.getTitle();
    }

    public int getFee() {
        return movie.getFee(days, this);
    }

    public int getPoints() {
        return movie.getPoints(days, this);
    }
}
```

VideoRegistry 类成了 Movie 的工厂。

```
public class VideoRegistry {
    public enum VideoType {REGULAR,CHILDRENS;}
```

```java
    private static Map <String, VideoType> videoRegistry = new HashMap<>();

    public static Movie getMovie(String title) {
        switch (videoRegistry.get(title)) {
            case REGULAR:
                return new RegularMovie(title);
            case CHILDRENS:
                return new ChildrensMovie(title);
        }
        return null;
    }

    public static void addMovie(String title, VideoType type){
        videoRegistry.put(title, type);
    }
}
```

Customer 类呢？嗯，其实这个类的名字起错了。实际上它应该叫 RentalCalculator。它将服务于自己的那些类与我们的测试相互隔开。

```java
public class RentalCalculator {
    private List<Rental> rentals = new ArrayList<>();

    public void addRental(String title, int days) {
        rentals.add(new Rental(title, days));
    }

    public int getRentalFee() {
        int fee = 0;
        for (Rental rental: rentals)
            fee += rental.getFee();
        return fee;
    }
```

```
public int getRenterPoints() {
    int points = 0;
    for (Rental rental: rentals)
        points += rental.getPoints();
    return points;
}
}
```

来看看结果图（见图 4.10）。

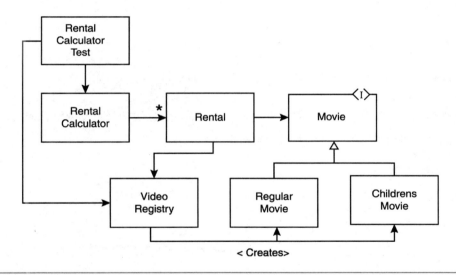

图4.10　结果

随着代码的演进，`RentalCalculator` 右边那些类被重构出来。`RentalCalculatorTest` 类只知道用测试数据初始化的 `VideoRegistry`，对其他类一无所知。而且，也没有其他测试模块操作这些类。`RentalCalculatorTest` 间接测试所有其他类。一一对应关系被打破了。

这就是优秀程序员的做法：将生产代码结构与测试结构解耦，使之得到保护，从而避免测试脆弱问题。

当然，在大型系统中，这种模式会一再重复，会有很多模块组，每一个都被自己的表层模块或接口模块所保护，不被测试代码直接调用。

有人也许会认为，通过表层模块操作一组模块的测试属于集成测试。我们稍后再探讨有关集成测试的话题。现在，我只想指出，集成测试的目的与本节介绍的这些测试的目的截然不同。这些测试是程序员的测试，是程序员为程序员编写的，目的是指定代码行为。

具体 vs 通用

测试与生产代码应当解耦，还有一个因素是我们在第 2 章研究质因数示例时学到的。我在那章里面总结成一句箴言，现在我要将其上升为规则。

> 规则 13：测试越具体，代码越通用。

随着测试增加，生产代码模块也在增加。然而，它们各自往不同方向演进。

当增加新测试时，测试集就变得越来越具体。然而，程序员应当推动要测试的模块往反方向演进。生产代码应当变得越来越通用（见图 4.11）。

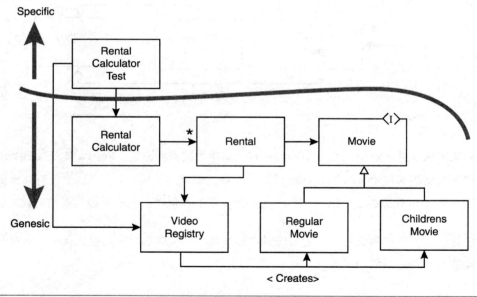

图4.11 测试集越具体，被测试的模块就越通用

这也是重构的目的之一。你在 Video Store 示例中已经看到了。先写一个测试用例，然后写一些丑陋的生产代码，让测试通过。这些生产代码不算通用。实际上，这些代码会很具体。接着，在重构环节，具体代码被精修成更通用的形式。

测试代码与生产代码有不同的演进路径，意味着它们的形式会变得截然不同。测试成长为充满约束与规格的线性列表。另外，生产代码成长为繁茂的逻辑与行为组合，反映了驱动应用的抽象底层。

代码风格迥异，测试也就与生产代码解耦了，各自的修改不会互相影响。

当然，耦合不可能被完全打破。有些修改会导致另一端的修改。我们的目标不是消除这些修改，而是尽量减少修改。上述技术对此非常有效。

转换优先顺序

前面章节展现了很有意思的情况。当践行 TDD 纪律时，我们会逐步使测试变得更加具体，我们也会将生产代码变得越来越通用。但这些变化是如何发生的呢？

在测试中添加约束条件是个简单问题。要么在现有测试中添加新断言，要么添加全新的测试方法来安排、行动，并断言新约束条件。这种操作只添加代码，不改变现有测试代码。只是增加新代码。

然而，使新的约束条件通过测试，往往并非不断添加的过程。相反，必须对现有的生产代码进行变换，改变其行为。这些变换是对现有代码的小改动，改变了该代码的行为。

当然，为了清理生产代码，也会对其进行重构。这些重构也是对生产代码的小改动，但在这种情况下，它们保留了行为。

你应当已经发现这与"红灯/绿灯/重构"循环的相关性。红灯步骤添加。绿灯步骤变换。重构（蓝色）步骤整修。

我们将在第 5 章"重构"中讨论整修性重构。在本章中，我们将讨论变换。

变换是对代码的小改动，它改变了代码行为，同时也泛化了解决方案。最好用一个例子来解释。

回顾第 2 章的质因数示例。一开始，我们见到失败的测试，以及对最基础情况的代码实现。

```java
public class PrimeFactorsTest {
    @Test
    public void factors() throws Exception {
        assertThat(factorsOf(1), is(empty()));
    }

    private List<Integer> factorsOf(int n) {
        return null;
    }
}
```

通过将 null 变换为 new ArrayList<>()，我们令测试通过了。如下所示。

```java
private List<Integer> factorsOf(int n) {
    return new ArrayList <>();
}
```

这个变换操作改变了方案的行为，也将其泛化。那个 null 极度特指，而 ArrayList 则比 null 通用得多。

下一个失败测试也引发了泛化变换。

```java
assertThat(factorsOf(2), contains(2));
```

```java
private List <Integer> factorsOf(int n) {
    ArrayList <Integer> factors = new ArrayList<>();
    if (n > 1)
        factors.add(2);
    return factors;
}
```

首先，`ArrayList` 被抽取为 `factors` 变量。然后，添加了 `if` 语句。这两个变换都是泛化操作。变量总是比常量通用。然而，该 `if` 语句只是部分泛化，因为那个 1 与 2 的存在，导致它与测试密切相关。不过，不等式 `n>1` 令特殊性稍稍降低了。而且，如你想起来的那样，这个不等式直至最后都还是通用方案的一部分。

有了这个观念，我们再来看其他变换。

{} ➡ NIL（无代码➡空值）

这通常是TDD周期中最早做的变换。一开始什么代码都没有。我们编写了能想出来的最基础测试，然后编译并失败。像在质因数示例中那样，我们令要测试的函数返回null[1]。

```
private List<Integer> factorsOf(int n) {
    return null;
}
```

这段代码把"无"变换成了"返回无的函数"。这种操作很少能令测试通过，所以通常立即会做下一个变换操作。

NIL ➡ CONSTANT（空值➡常量）

还是来看质因数示例。我们返回的 `null` 被变换为空整数列表。

```
private List<Integer> factorsOf(int n) {
    return new ArrayList<>();
}
```

保龄球示例中也看到了这种操作，不过当时我们跳过 {} → Nil，直接到了常量步骤。

---

1 或其他最简返回值。

```
public int score() {
    return 0;
}
```

Constant → Variable（常量→变量）

这个变换将常量改为变量。在整数栈示例（第 2 章）中，我们创建了 empty 变量，用来保存执行 isEmpty 得到的 true 值。

```
public class Stack {
    private boolean empty = true;

    public boolean isEmpty() {
        return empty;
    }
        ...
}
```

在质因数范例中，我们也看到用类似操作来通过对计算 3 的质因数的测试。当时我们用参数 n 来替代常量 2。

```
private List<Integer> factorsOf(int n) {
    ArrayList<Integer > factors = new ArrayList<>();
    if (n > 1)
        factors.add(n);
    return factors;
}
```

这下很清楚了。每次这种变换操作都将代码从很具体的状态移往稍稍通用的状态。这就是泛化，一种令代码处理更广泛约束的方法。

仔细想想你就能明白，相比当前失败的测试施加于代码的约束，这种变换大大扩充了可能性。因此，当这些变换被逐一应用时，测试施加的约束以及代码通用性之间的竞赛必须以有利于实现通用性的方式结束。最终，生产代码的通用程度将达到在当前需求范围内通过所有未来约束的程度。

有点离题了。

UNCONDITIONAL ➡ SELECTION（无条件➡条件选择）

这种变换添加了一个 `if` 语句或其等价物。这并不总是泛化操作。程序员们一定要注意，别将条件语句的谓词绑死到当前失败的测试上。

在质因数示例中，当我们计算 2 的质因数时，看到了这种变换。注意，在该例中，`if` 语句的谓词不是(n==2)，那样就太具体了。我们使用(n>1)不等式，尝试令 `if` 语句更通用。

```
private List<Integer> factorsOf(int n) {
    ArrayList<Integer> factors = new ArrayList<>();
    if (n > 1)
        factors.add(2);
    return factors;
}
```

VALUE ➡ LIST（值➡列表）

这种泛化变换将单值变量修改为值列表。列表可以是数组，或者是更复杂的容器。在栈示例中，我们将 `element` 变量改为 `elements` 数组，即为一例。

```
public class Stack {
    private int size = 0;
    private int[] elements = new int[2];

    public void push(int element) {
        this.elements[size++] = element;
    }

    public int pop() {
        if (size == 0)
            throw new Underflow();
```

```
        return elements[--size];
    }
}
```

STATEMENT → RECURSION（语句→递归）

这种泛化变换操作将单步语句修改为递归语句，以此代替循环。这类变换在支持递归的语言中颇为常见，尤其是像 LISP 和 Logo 之类除递归以外不支持其他循环的语言。这种变换将执行一次的代码改为重复执行自身的代码。在第 3 章 "高级 TDD" 的折行示例中我们看到过这种变换。

```
private String wrap(String s, int w) {
    if (w >= s.length())
      return s;
    else
     return s.substring(0, w) + "\n" + wrap(s.substring(w),w);
}
```

SELECTION → ITERATION（条件选择→遍历）

在质因数示例中，当将那些 `if` 语句改为 `while` 语句时，我们看到过几次这种变换。这显然是一种泛化操作，因为遍历是条件选择语句的通用形式，而条件选择语句则不过是遍历语句的初级形式而已。

```
private List<Integer> factorsOf(int n) {
    ArrayList<Integer> factors = new ArrayList<>();
    if (n > 1) {
        while (n % 2 == 0) {
            factors.add(2);
            n /= 2;
        }
    }
    if (n > 1)
```

```
        factors.add(n);
    return factors;
}
```

VALUE → MUTATED VALUE（值→改变了的值）

这种变换操作改变变量的值，通常用于在循环或增量运算中累加部分值。我们在之前多个示例中见过这种变换，但体现得最淋漓尽致的是第 3 章中的排序示例。

注意，前两个赋值操作并非改值，只是初始化变量 first 和 second 的值。list.set(…) 才是改值操作。这两行代码修改了列表里的元素。

```
private List<Integer> sort(List<Integer> list) {
    if (list.size() > 1) {
        if (list.get(0) > list.get(1)) {
            int first = list.get(0);
            int second = list.get(1);
            list.set(0, second);
            list.set(1, first);
        }
    }
    return list;
}
```

示例：斐波那契数列

不妨尝试一个简单的例子，跟踪其中发生的变换操作。我们练练那个久经考验的斐波那契数列问题好了。记住，fib(0) = 1，fib(1) = 1，fib(n) = fib(n-1) + fib(n-2)。

照旧先写个会失败的测试。为什么要用 BigInteger 类型？因为斐波那契数列中的数字增长得极快。

```java
public class FibTest {
    @Test
    public void testFibs() throws Exception {
        assertThat(fib(0), equalTo(BigInteger.ONE));
    }

    private BigInteger fib(int n) {
        return null;
    }
}
```

使用 Nil → Constant 变换通过测试。

```java
private BigInteger fib(int n) {
    return new BigInteger("1");
}
```

对,我感觉这里的 String 类型参数也有点怪,但 Java 库就是那个样子。

下一个测试也直接通过。

```java
@Test
public void testFibs() throws Exception {
    assertThat(fib(0), equalTo(BigInteger.ONE));
    assertThat(fib(1), equalTo(BigInteger.ONE));
}
```

下一个测试失败了。

```java
@Test
public void testFibs() throws Exception {
    assertThat(fib(0), equalTo(BigInteger.ONE));
    assertThat(fib(1), equalTo(BigInteger.ONE));
    assertThat(fib(2), equalTo(new BigInteger("2")));
}
```

使用 Unconditional → Selection 模式让测试通过。

```
private BigInteger fib(int n) {
    if (n > 1)
        return new BigInteger("2");
    else
        return new BigInteger("1");
}
```

这些代码较为具体，不够通用，但给 `fib` 函数提供负数参数的可能性让我有点兴奋。

下一个测试逼着我们去"挖金子"。

```
assertThat(fib(3), equalTo(new BigInteger("3")));
```

解决方法是使用 Statement → Recursion 变换：

```
private BigInteger fib(int n) {
    if (n > 1)
        return fib(n-1).add(fib(n-2));
    else
        return new BigInteger("1");
}
```

这种做法相当优雅，但也极耗时间和内存 [1]。太早"挖金子"往往要付出代价。我们还可以怎么做呢？

当然可以这样做：

```
private BigInteger fib(int n) {
    return fib(BigInteger.ONE, BigInteger.ONE, n);
}
```

---

[1] 在我的 2.3GHz 主频 MacBook Pro 上，计算 fib(40) == 165580141 花了 9 秒钟。

```
private BigInteger fib(BigInteger fm2, BigInteger fm1, int n) {
    if (n > 1)
        return fib(fm1, fm1.add(fm2), n-1);
    else
        return fm1;
}
```

这个漂亮的尾递归算法相当快速[1]。

你可能会认为，这个变换只不过是Statement → Recursion的不同应用而已，其实不然。实际上它应用了Selection → Interation变换。如果Java编译器提供尾调用优化，[2]就会将上述代码几乎不折不扣地翻译成下面这个样子。注意while代替了if。

```
private BigInteger fib(int n) {
    BigInteger fm2 = BigInteger.ONE;
    BigInteger fm1 = BigInteger.ONE;
    while (n > 1) {
        BigInteger f = fm1.add(fm2);
        fm2 = fm1;
        fm1 = f;
        n--;
    }
    return fm1;
}
```

稍稍岔题，说个要点：

规则 14：如果变换操作得到不够好的解决方案，试试另一种变换操作。

1　10 毫秒内算出 fib(100)== 573147844013817084101 in 10ms。

2　Java, Java, 何故如此？（原文为 Java, Java, wherefore art thou Java? 源自莎士比亚《罗密欧与朱丽叶》。——译者注）

这实际上是我们第二次遇到变换操作结果不够好，转而用另一种变换操作得到更好结果的情况。第一次遇到这种情况是在排序示例中。当时，我们使用 Value → Mutated Value 模式，推演出冒泡排序。我们改用 Unconditional → Selection 模式，实现了快速排序。下面代码是关键步骤。

```
private List<Integer> sort(List<Integer> list) {
    if (list.size() <= 1)
        return list;
    else {
        int first = list.get(0);
        int second = list.get(1);
        if (first > second)
            return asList(second, first);
        else
            return asList(first, second);
    }
}
```

变换模式优先顺序假设

如我们所见，当遵循 TDD 三法则时，会遇到一些岔路。每条岔路代表不同的变换模式，都能令失败的测试通过。当面对岔路时，有没有办法选择最佳变换模式？或者说，变换模式之间是否有优劣之分？变换模式有优先顺序吗？

我相信有。稍后详述。不过，我要说明这只是我的假设。没有数学证明，而且也不确定是否处处适用。相对能确定的是，如果按照以下顺序使用变换模式，有可能得到较好的实现结果：

- {} → Nil
- Nil → Constant
- Constant → Variable
- Unconditional → Selection
- Value → List

- Selection → Iteration
- Statement → Recursion
- Value → Mutated Value

不要错以为上列顺序自然而然，不可违背（例如，在做完 Nil → Constant 之前不可以使用 Constant → Variable）。很多程序员会跳过 Nil → Constant 变换，通过将 Nil 变换为两个变量的条件选择来通过测试。

换言之，如果你试图将两个或更多变换模式绑一起通过测试，也许会漏掉一个或多个测试。试着找找只使用一种变换就可通过的测试。如果你发现遇到岔路，首先选用模式列表中较靠上的那种。

这种机制是否总能成功？大概不是。但我用它时总有好运气。而且，如我们所见，在排序算法示例和斐波那契数列示例中都得到了较好的结果。

聪明的读者已经看出来，按照上述特别顺序执行变换操作，将得到一套函数式编程风格的实现方案。

小结

现在来总结关于 TDD 纪律的讨论。在前三章中，我们已经谈了许多内容。本章讨论了关于测试设计的问题和模式，从 GUI 到数据库，从特殊性到通用性，从变换到变换的优先顺序。

当然，我们还没谈完。还有第四法则要探讨：重构。那就是下一章的主题了。

第5章 重构

1999 年，我读了马丁·福勒的《重构》（*Refactoring*）[1]一书。真是经典之作。建议你找一本来看看。最近他出了第二版[2]，重写了相当部分内容，第二版也更加符合现在的技术环境。第一版用Java写示例，第二版用JavaScript写示例。

在读第一版时，我时年 12 岁的儿子贾斯汀（Justin）是冰球队成员。孩子们在冰场上打 5 分钟球，然后下来休息 10 ~ 15 分钟。

当我儿子下场休息时，我就在一旁读马丁的这本大作。书中的代码是逐渐成形的。我从未读过这样的书。这一时期及之前大部分图书展示的都是代码的最终样子。这本书展示给你的是如何整修糟糕的代码。

一边读书，一边听观众为场内的孩子们欢呼。我也在欢呼，但并非为球赛欢呼。我为我从那本书里读到的内容而欢呼。那本书最终推动我写了《代码整洁之道》（*Clean Code*）[3]。

马丁之言无人能比：

> "一般程序员写得出计算机能读懂的代码。优秀程序员写得出人能读懂的代码。"

本章从我个人角度展示了重构的艺术，但绝不能替代马丁那本书的作用。

什么是重构

我用自己的说法解释马丁的意思：

> 重构是一系列小修改，改进软件结构，在每次修改后通过一套完整测试集，以此证明没有改动软件行为。

这个定义里面有两个关键点。

---

[1] Martin Fowler, *Refactoring: Improving the Design of Existing Code*, 1st ed. (Addison-Wesley, 1999).

[2] Martin Fowler, *Refactoring: Improving the Design of Existing Code*, 2nd ed. (Addison-Wesley, 2019).

[3] Robert C. Martin, *Clean Code* (Addison-Wesley, 2009).

首先，重构不改变行为。在一次或几次重构之后，软件的行为不会变动。始终通过完整测试集，就能证明软件行为得到保护。

其次，每次重构都很小。怎么个小法？我的标准是：小到不需要调试的程度。

有许多种重构方法，我会谈及其中一些。除了重构，还有很多其他不会触及软件行为的代码结构修改手段。有些重构套路 IDE 能代劳。有些重构太简单，你可以手工操作，不用担心出问题。有一些重构稍稍复杂，需要加倍小心。对于最后这种情况，我会加以权衡。如果我担心会用到调试器，就分解重构操作，拆成更小且修改不易出问题的小块。如果还是得用上调试器，我也不继续担忧，只会稍稍警惕。

> 规则 15：尽量不用调试器。

重构的目的是清理代码。重构的流程是红灯→绿灯→重构循环。重构是一种持续行为，而非有计划地安排的行为。你保持代码整洁，你重构代码，每次都遵循红灯→绿灯→重构循环。

有时，必须做大规模重构。你必会发现，系统设计需要改进，而且设计上的改动将贯穿全部代码。你并不专门为此做计划。你不会专门为此停止添加特性和修正缺陷。你只是在红灯→绿灯→重构循环中做一点点额外的重构，逐渐实现期望的改动，同时还持续交付有商业价值的代码。

基础工具包

有几个重构手段，我用得比其他重构手段多得多。那就是我的 IDE 能自动实现的重构手段。我希望你用心学习这类重构，理解 IDE 自动化实现重构的复杂之处。

重命名

在拙著《代码整洁之道》中，专有一章讨论如何命名。关于学习如何起个好名字，还有很多资料[1]可供参考。重点是，起个好名字。

---

[1] 另一优秀参考资料是埃里克·伊凡斯（Eric Evans）在 *the Heart of Software* 一书中撰写的 *Domain-Driven Design: Tackling Complexity* (Addison-Wesley, 2013)。

命名难。给某件事物命名，往往是个连续、迭代的改进过程。别害怕推敲名字。趁着项目还年轻，尽量多改进名字。

项目慢慢变老，改名变得越来越难。越来越多的程序员会记住那些名称，当名称悄然改变时，就会反应不过来。再往后，修改重要类和函数的名称，甚至需要开会取得一致意见。

所以，当你在写新代码，且这些代码还未广为人知时，多试试其他名称。频繁地重命名类和方法。这么做，你就会发现，应该以不同方式组织这些类和代码。为了与新名称保持一致，你会把方法从一个类迁移到另一个类。为了符合新的命名模式，你会重新划分函数和类。

简言之，在将代码切分为类和模块时，找寻最好名称有可能给你的设计带来很积极的影响。

因此，学会多多使用、好好使用重命名吧。

方法抽取

方法抽取可能是所有重构手段中最重要的那个。实际上，这种重构手段可能是保持代码整洁和有效组织的最重要机制。

我建议，遵循"抽取到底"（Extract till you Drop）原则。

这个原则的目标是达成两个目标。首先，每个函数只做一件事[1]。其次，代码读起来得像是篇好文章[2]。

如果不能从函数中抽取出其他函数，那么这个函数就只做一件事。所以，为了让所有函数只做一件事，你应该不断抽取、抽取、抽取，直至没什么可抽取为止。

当然，这样会搞出一大堆细小函数，让你备感困惑。你可能会觉得，这么多的细小函数会模糊代码意图。你也许会担忧，面对如此之多的函数，容易一叶障目而不见森林。

---

1 Martin, *Clean Code*, p. 7.

2 Martin, p. 8.

现实正好相反。代码的意图变得清晰多了。抽象层级变得干净利落，层级之间的分界也很清楚。

记住，如今的语言拥有丰富的模块、类和命名空间。这允许你搭建一套关于名称的层级结构，在其中放置函数。命名空间包含类。类包含函数。公有函数调用私有函数。类还包含内嵌类。如此等等。借助这些工具的能力，打造代码结构，让其他程序员能方便定位到你写的函数。

选用好名字。记住，函数名称的长度与其涵盖范围应当成反比。公有函数的名称应相对短。私有函数的名称应更长一些。

抽取再抽取，函数名称会越来越长，因为函数的功能变得越来越具体。这些抽取出来的函数，大多数只会在一个地方被调用，所以其目标也该极特殊和极精准。这类特殊和精准的函数，名称应当够长，长到可能是子句甚至整句的程度。

在 `while` 循环和 `if` 语句的括号中调用这些函数，也可以在这类语句的主体中调用。调用代码看起来会是这个样子：

```
if (employeeShouldHaveFullBenefits())
    AddFullBenefitsToEmployee();
```

这样一来，你的代码读起来就像是一篇好文章。

使用方法抽取做重构，也是遵循"向下规则"[1]写函数的一种手段。我们想让函数中的每行代码都处于相同的抽象层级，而且刚好比函数名所在抽象层级低一层。要做到这一点，我们将低于该层级的代码段从函数中抽离。

变量抽取

如果说方法抽取是最重要的重构手段，那么变量抽取则是其辅助手段。为了抽取方法，常常需要先抽取变量。

1　Martin,p.37.

例如，在第 2 章"测试驱动开发"提到的保龄球局重构示例中，我们这么开始：

```
@Test
public void allOnes() throws Exception {
    for (int i = 0; i < 20; i++)
        g.roll(1);
    assertEquals(20, g.score());
}
```

最后得到的结果是：

```
private void rollMany(int n, int pins) {
    for (int i = 0; i < n; i++) {
        g.roll(pins);
    }
}

@Test
public void allOnes() throws Exception {
    rollMany(20, 1);
    assertEquals(20, g.score());
}
```

其间做了以下重构操作。

1. **变量抽取**：g.roll(1)中的 1 抽取为变量 pins。

2. **变量抽取**：assertEquals(20, g.score());中的 20 抽取为变量 n。

3. 把这两个变量移到 for 循环上方。

4. **方法抽取**：将 for 循环抽取为 rollMany 函数。上述变量的名称成了参数名称。

5. **内嵌**：两个变量被内嵌到代码行中。它们职责已尽，无须继续存在。

变量抽取的另一常见用途是创建解释性变量（Explanatory Variable）[1]。例如，对于以下 if 语句：

```
if (employee.age > 60 && employee.salary > 150000)
    ScheduleForEarlyRetirement(employee);
```

使用解释性变量，代码可读性更高：

```
boolean isEligibleForEarlyRetirement = employee.age > 60 && employee.salary > 150000
if (isEligibleForEarlyRetirement)
    ScheduleForEarlyRetirement(employee);
```

字段抽取

这种重构手段能产生深远的积极影响。我不怎么用，但每次用到，总能把代码放到持续改进的路径上。

一切从失败的方法抽取开始。看看下面这个类。它把一个 CSV 数据文件转换为报表。有点儿混乱。

```java
public class NewCasesReporter {
    public String makeReport(String countyCsv) {
        int totalCases = 0;
        Map<String, Integer> stateCounts = new HashMap<>();
        List<County> counties = new ArrayList<>();

        String[] lines = countyCsv.split("\n");
        for (String line: lines) {
            String[] tokens = line.split(",");
            County county = new County();
            county.county = tokens[0].trim();
```

---

1 Kent Beck, *Smalltalk Best Practice Patterns* (Addison-Wesley, 1997), 108.

```java
        county.state = tokens[1].trim();
        //compute rolling average
        int lastDay = tokens.length - 1;
        int firstDay = lastDay - 7 + 1;
        if (firstDay < 2)
            firstDay = 2;
        double n = lastDay - firstDay + 1;
        int sum = 0;
        for (int day = firstDay; day <= lastDay; day++)
            sum += Integer.parseInt(tokens[day].trim());
        county.rollingAverage = (sum / n);

        //compute sum of cases.
        int cases = 0;
        for (int i = 2; i < tokens.length; i++)
            cases += (Integer.parseInt(tokens[i].trim()));
        totalCases += cases;
        int stateCount = stateCounts.getOrDefault(county.state, 0);
        stateCounts.put(county.state, stateCount + cases);
        counties.add(county);
    }
    StringBuilder report = new StringBuilder("" +
        "County     State     Avg New Cases\n" +
        "======     =====     =============\n");
    for (County county: counties) {
        report.append(String.format("%-11s%-10s%.2f\n", county.county,
            county.state,
            county.rollingAverage));
    }
    report.append("\n");
    TreeSet <String> states = new TreeSet < > (stateCounts.keySet());
    for (String state: states)
        report.append(String.format("%s cases: %d\n", state,
            stateCounts.get(state)));
```

```java
        report.append(String.format("Total Cases: %d\n", totalCases));
        return report.toString();
    }

    public static class County {
        public String county = null;
        public String state = null;
        public double rollingAverage = Double.NaN;
    }
}
```

还好,作者好心写了些测试。这些测试不能说很棒,但还算能用。

```java
public class NewCasesReporterTest {
    private final double DELTA = 0.0001;
    private NewCasesReporter reporter;

    @Before
    public void setUp() throws Exception {
        reporter = new NewCasesReporter();
    }

    @Test
    public void countyReport() throws Exception {
        String report = reporter.makeReport("" +
            "c1, s1, 1, 1, 1, 1, 1, 1, 1, 7\n" +
            "c2, s2, 2, 2, 2, 2, 2, 2, 2, 7");
        assertEquals("" +
            "County    State    Avg New Cases\ n " +
            "======    =====    ============= \n " +
            "c1        s1       1.86\ n " +
            "c2        s2       2.71\ n\ n " +
            "s1 cases: 14\n" +
            "s2 cases: 21\n" +
            "Total Cases: 35\n",
```

```java
            report);
    }

    @Test
    public void stateWithTwoCounties() throws Exception {
        String report = reporter.makeReport("" +
            "c1, s1, 1, 1, 1, 1, 1, 1, 1, 7\n" +
            "c2, s1, 2, 2, 2, 2, 2, 2, 2, 7");
        assertEquals("" +
            "County     State    Avg New Cases\ n " +
            "======     =====    ============= \n " +
            "c1         s1       1.86\ n " +
            "c2         s1       2.71\ n\ n " +
            "s1 cases: 35\n" +
            "Total Cases: 35\n",
            report);
    }

    @Test
    public void statesWithShortLines() throws Exception {
        String report = reporter.makeReport("" +
            "c1, s1, 1, 1, 1, 1, 7\n" +
            "c2, s2, 7\n");
        assertEquals("" +
            "County     State    Avg New Cases\ n " +
            "======     =====    ============= \n " +
            "c1         s1       2.20\ n " +
            "c2         s2       7.00\ n\ n " +
            "s1 cases: 11\n" +
            "s2 cases: 7\n" +
            "Total Cases: 18\n",
            report);
    }
}
```

测试告诉我们程序做了些什么。输入一个 CSV 字符串，每行代表一个县，还有每天新增的新冠肺炎病例。输出报告展示每个县 7 日内新增病例的滚动平均数，还有每个州和全国的总计。

显然，我们要从这个庞杂的函数中抽取出方法。先从顶部的循环开始。那个循环计算每个县的数据。大概应该取名为 `calculateCounties`。

然而，当我选中循环代码，尝试抽取方法时，跳出了图 5.1 所示对话框：

图5.1 方法抽取对话框

IDE 想将抽取出来的函数命名为 `getTotalCases`。你得感谢 IDE 作者，他们花了大力气来做取名建议功能。IDE 建议那个名字，因为循环之后的代码需要得到新病例数量，如果抽取出来的函数不返回的话，就没办法得到新病例数量。

但我不想给新函数取名叫 `getTotalCases`，这名字无法表达函数要做的事。我想叫它 `calculateCounties`。而且，我也不想传入那4个参数。我想往抽取出来的 `calculateCounties` 方法传入的唯一参数就是 `lines` 数组。

点击 Cancel 按钮，再来看看。

想合理地重构，就需要将循环中的几个本地变量抽出来，作为辅助类的字段。我使用字段抽取重构手段来操作。

```
public class NewCasesReporter {
    private int totalCases;
    private final Map < String, Integer>stateCounts = new HashMap <>();
    private final List<County> counties = new ArrayList<>();

    public String makeReport(String countyCsv) {
        totalCases = 0;
        stateCounts.clear();
        counties.clear();

        String[] lines = countyCsv.split("\n");
        for (String line: lines) {
            String[] tokens = line.split(",");
            County county = new County();
```

注意，我在 `makeReport` 函数的顶部初始化那些变量的值。这样做，原本的软件行为就能得到保留。

现在，我就能在不传入多余参数且不返回 `totalCases` 的前提下抽取该循环。

```
public class NewCasesReporter {
    private int totalCases;
    private final Map <String, Integer> stateCounts = new HashMap<>();
    private final List<County> counties = new ArrayList<>();
```

```java
public String makeReport(String countyCsv) {
    String[] countyLines = countyCsv.split("\n");
    calculateCounties(countyLines);

    StringBuilder report = new StringBuilder("" +
        "County     State    Avg New Cases\n" +
        "======     =====    =============\n");
    for (County county: counties) {
        report.append(String.format("%-11s%-10s%.2f\n",
            county.county,
            county.state,
            county.rollingAverage));
    }
    report.append("\n");
    TreeSet <String> states = new TreeSet <> (stateCounts.keySet());
    for (String state: states)
        report.append(String.format("%s cases: %d\n",
            state, stateCounts.get(state)));
    report.append(String.format("Total Cases: %d\n", totalCases));
    return report.toString();
}

private void calculateCounties(String[] lines) {
    totalCases = 0;
    stateCounts.clear();
    counties.clear();

    for (String line: lines) {
        String[] tokens = line.split(",");
        County county = new County();
        county.county = tokens[0].trim();
        county.state = tokens[1].trim();
        //compute rolling average
        int lastDay = tokens.length - 1;
```

```java
            int firstDay = lastDay - 7 + 1;
            if (firstDay < 2)
                firstDay = 2;
            double n = lastDay - firstDay + 1;
            int sum = 0;
            for (int day = firstDay; day <= lastDay; day++)
                sum += Integer.parseInt(tokens[day].trim());
            county.rollingAverage = (sum / n);

            //compute sum of cases.
            int cases = 0;
            for (int i = 2; i < tokens.length; i++)
                cases += (Integer.parseInt(tokens[i].trim()));
            totalCases += cases;
            int stateCount = stateCounts.getOrDefault(county.state, 0);
            stateCounts.put(county.state, stateCount + cases);
            counties.add(county);
        }
    }

    public static class County {
        public String county = null;
        public String state = null;
        public double rollingAverage = Double.NaN;
    }
}
```

有了这些作为字段的变量，我就能继续随心所欲地抽取和重命名。

```java
public class NewCasesReporter {
    private int totalCases;
    private final Map <String, Integer> stateCounts = new HashMap<>();
    private final List<County> counties = new ArrayList<>();
```

```java
public String makeReport(String countyCsv) {
    String[] countyLines = countyCsv.split("\n");
    calculateCounties(countyLines);

    StringBuilder report = makeHeader();
    report.append(makeCountyDetails());
    report.append("\n");
    report.append(makeStateTotals());
    report.append(String.format("Total Cases: %d\n", totalCases));
    return report.toString();
}

private void calculateCounties(String[] countyLines) {
    totalCases = 0;
    stateCounts.clear();
    counties.clear();
    for (String countyLine: countyLines)
        counties.add(calcluateCounty(countyLine));
}

private County calcluateCounty(String line) {
    County county = new County();
    String[] tokens = line.split(",");
    county.county = tokens[0].trim();
    county.state = tokens[1].trim();

    county.rollingAverage = calculateRollingAverage(tokens);

    int cases = calculateSumOfCases(tokens);
    totalCases += cases;
    incrementStateCounter(county.state, cases);

    return county;
}
```

```java
    private double calculateRollingAverage(String[] tokens) {
        int lastDay = tokens.length - 1;
        int firstDay = lastDay - 7 + 1;
        if (firstDay < 2)
            firstDay = 2;
        double n = lastDay - firstDay + 1;
        int sum = 0;
        for (int day = firstDay; day <= lastDay; day++)
            sum += Integer.parseInt(tokens[day].trim());
        return (sum / n);
    }

    private int calculateSumOfCases(String[] tokens) {
        int cases = 0;
        for (int i = 2; i < tokens.length; i++)
            cases += (Integer.parseInt(tokens[i].trim()));
        return cases;
    }

    private void incrementStateCounter(String state, int cases) {
        int stateCount = stateCounts.getOrDefault(state, 0);
        stateCounts.put(state, stateCount + cases);
    }

    private StringBuilder makeHeader() {
        return new StringBuilder("" +
            "County     State     Avg New Cases\n" +
            "======     =====     =============\n");
    }

    private StringBuilder makeCountyDetails() {
        StringBuilder countyDetails = new StringBuilder();
        for (County county: counties) {
```

```
        countyDetails.append(String.format("%-11s%-10s%.2f\n",
            county.county,
            county.state,
            county.rollingAverage));
    }
    return countyDetails;
}

private StringBuilder makeStateTotals() {
    StringBuilder stateTotals = new StringBuilder();
    TreeSet < String > states = new TreeSet < > (stateCounts.keySet());
    for (String state: states)
        stateTotals.append(String.format("%s cases: %d\n",
            state, stateCounts.get(state)));
    return stateTotals;
}

public static class County {
    public String county = null;
    public String state = null;
    public double rollingAverage = Double.NaN;
}
}
```

这就好多了。不过，格式化报告的代码与计算数据的代码放在同一个类里面，我不太喜欢。这样做，破坏了单一权责原则。报告格式化和数据计算很有可能因不同理由而被修改。

为了将计算数据的代码抽取为一个新类，我使用超类抽取（Extract Superclass）重构手段将计算数据的代码抽取为 `NewCasesCalculator` 类，从中派生出 `NewCasesReporter` 类。

```
public class NewCasesCalculator {
    protected final Map <String, Integer> stateCounts = new HashMap<>();
    protected final List<County> counties = new ArrayList<>();
    protected int totalCases;
```

```java
    protected void calculateCounties(String[] countyLines) {
        totalCases = 0;
        stateCounts.clear();
        counties.clear();

        for (String countyLine: countyLines)
            counties.add(calcluateCounty(countyLine));
    }

    private County calcluateCounty(String line) {
        County county = new County();
        String[] tokens = line.split(",");
        county.county = tokens[0].trim();
        county.state = tokens[1].trim();

        county.rollingAverage = calculateRollingAverage(tokens);

        int cases = calculateSumOfCases(tokens);
        totalCases += cases;
        incrementStateCounter(county.state, cases);

        return county;
    }

    private double calculateRollingAverage(String[] tokens) {
        int lastDay = tokens.length - 1;
        int firstDay = lastDay - 7 + 1;
        if (firstDay < 2)
            firstDay = 2;
        double n = lastDay - firstDay + 1;
        int sum = 0;
        for (int day = firstDay; day <= lastDay; day++)
            sum += Integer.parseInt(tokens[day].trim());
```

```
        return (sum / n);
    }

    private int calculateSumOfCases(String[] tokens) {
        int cases = 0;
        for (int i = 2; i < tokens.length; i++)
            cases += (Integer.parseInt(tokens[i].trim()));
        return cases;
    }
}

    private void incrementStateCounter(String state, int cases) {
        int stateCount = stateCounts.getOrDefault(state, 0);
        stateCounts.put(state, stateCount + cases);
    }

    public static class County {
        public String county = null;
        public String state = null;
        public double rollingAverage = Double.NaN;
    }
}
```

=======

```
public class NewCasesReporter extends NewCasesCalculator {
    public String makeReport(String countyCsv) {
        String[] countyLines = countyCsv.split("\n");
        calculateCounties(countyLines);

        StringBuilder report = makeHeader();
        report.append(makeCountyDetails());
        report.append("\n");
        report.append(makeStateTotals());
```

```java
        report.append(String.format("Total Cases: %d\n", totalCases));
        return report.toString();
    }

    private StringBuilder makeHeader() {
        return new StringBuilder("" +
            "County     State     Avg New Cases\n" +
            "======     =====     =============\n");
    }

    private StringBuilder makeCountyDetails() {
        StringBuilder countyDetails = new StringBuilder();
        for (County county: counties) {
            countyDetails.append(String.format("%-11s%-10s%.2f\n",
                county.county,
                county.state,
                county.rollingAverage));
        }
        return countyDetails;
    }

    private StringBuilder makeStateTotals() {
        StringBuilder stateTotals = new StringBuilder();
        TreeSet < String > states = new TreeSet < > (stateCounts.keySet());
        for (String state: states)
            stateTotals.append(String.format("%s cases: %d\n",
                state, stateCounts.get(state)));
        return stateTotals;
    }
}
```

这些代码做了很好的切分工作。汇总和计算在不同模块中完成。一切都是从最初那个字段抽取操作开始的。

魔方

截至目前，我试着向你展示几种重构手段的组合是多有力。在日常工作中，我很少使用其他手段。其要点是熟练掌握，搞清 IDE 的细节和使用技巧。

我常常对比重构与解魔方。如果你从未解成功过，值得花时间去学习其方法。只要掌握了技巧，就相对容易了。

对于一些方块位置不变，另一些方块换了预料中位置的情形，有一些可供应用的操作步骤。只要你懂得三四种这类操作步骤，就能逐步将魔方扭到可解位置。

对操作步骤懂得越多，就越能掌握这些操作步骤，从而更快、更直接地解魔方。但你最好精通这些操作步骤。错走一步，魔方就成了小方块的随机组合，你又得重新开始。

重构代码庶几相近。对重构手段懂得越多，就越能掌握它们，也能更轻易地将代码改成你想要的样子。

哦，你最好还要写测试。没有测试，搞乱代码是早晚的事。

纪律

如果你按规矩办，重构就会安全、容易和威力强大。如果你只是临时抱佛脚应付差事，很快就会失去安全性和力量。

测试

第一条规矩当然是测试。测试，测试，测试，测试，多多测试。为了既安全又可靠地重构代码，你需要完全可信的测试集。你需要测试。

快速测试

测试也要够快。如果测试得花上几小时（或只是几分钟）运行，重构就不会顺利。

在大系统中，无论你如何努力，测试时间都很难降低到几分钟以内。因此，我喜欢妥当组织测试集，以便快捷运行检查当前我正重构那部分代码的相关子测试。这样做通常能将测试时间从以分钟计减少到以秒计。我大约每小时运行一次完整测试集，确保没有出现新缺陷。

打破紧密的一一对应关系

创建允许相关子集能够运行的测试结构，意味着在模块和组件层级上，测试的设计反映了代码的设计。在高层级测试模块与高层级生产代码模块之间，极可能会有一一对应关系。

如我们在前一节学到的，测试与代码之间紧密的一一对应关系会导致脆弱测试。

能够运行相关子集带来的好处，要比在那个层级上一一耦合付出的成本大得多。但是，为了防止出现脆弱测试，我们不希望一一对应继续存在。所以，在模块和组件层级之下，我们要打破紧密的一一对应关系。

持续重构

在做饭时，我习惯边烹饪边清洗放原料的盘碟[1]。我不会放任它们堆在洗碗池里。烹饪菜肴的时间足够清洗用过的餐具和锅。

重构也像这样。别等着重构时机到来。边写代码边测试。始终记得红灯→绿灯→重构循环，每隔几分钟就来一次。这样做，就能将麻烦扼杀在摇篮中。

果断重构

这是肯特·贝克论敏捷编程的名言之一。规则很简单：重构时要勇敢。勇敢尝试。勇敢修改。要像雕塑家对待黏土一样对待你的代码。害怕代码就会扼杀灵感，踏上黑暗之路。一旦踏上黑暗之路，它就会主宰你的命运，将你消耗殆尽。

---

[1] 拙荆对此不予认可。

让测试始终能通过

有时你会发现自己犯了一个结构上的错误,得修改一大摊代码。当不符合当前设计的新需求进来时,常常会发生这种事。当你突然意识到项目未来可以有更好的结构时,这种事也会突兀地发生。

不能犹豫,但还得保持明智。千万不要破坏测试!或者说,每次测试被破坏的时间不能超过几分钟。

如果重构需要几小时甚至几天来完成,那就将重构切分成小块,一边持续推进,一边保持测试通过。

例如,假设你发现需要修改系统的基础数据结构——多处代码均用到该数据结构。如果修改该数据结构,那么这些代码都不能正常工作,而且会破坏许多测试。

你应该另外创建一套新数据结构,镜像旧数据结构的内容。然后,逐步将旧数据结构中的代码一点点移到新数据结构中,同时一直保持测试通过。

在此过程中,你也可以根据日常工作安排添加新特性和修改缺陷。并不需要特别安排时间来执行重构。你可以该干什么就干什么,同时修改代码,直至旧数据结构再无所用,可以被删掉为止。

视乎重构影响范围的大小,这一过程可能持续几周甚至几个月。即便如此,系统也一直处于可部署状态。即使重构只是部分完成,测试仍能通过,而且系统仍然可以部署到生产环境。

留条出路

当遭遇坏天气时,飞行员总会确保能有退路。重构也可以有点儿这意思。有时你着手一系列重构,过了一两小时,走到了死胡同里。出于某些原因,你的设想没能成功。

当遇到这种情况时,`git reset --hard` 会是你的朋友。

所以,在开始一系列重构时,确保在代码仓库中打好标签,以便在需要时能够回滚。

小结

我有意没在这章花费大量篇幅，因为我只想在马丁·福勒的《重构》一书基础上添加几个小点子。再次请读者翻阅那本书，以获得更深的理解。

重构的最佳做法乃是掌握一套合用且常用的重构手段，同时熟知其他重构手段。如果你的 IDE 能够提供重构操作，一定要熟练掌握。

无测试则重构无意义。没有测试，出错机会太多。就算是 IDE 的自动重构功能，有时也会犯错。所以，始终用完整测试集来保证重构顺利。

最后，要遵守纪律。频繁重构。果断重构。坚决重构。永远不先申请再重构。

第6章　简单设计

设计。软件匠艺的圣杯与终极目标。我们全都在寻求一种完美设计，不费吹灰之力就能添加特性。我们想要一种强固设计，经年累月地维护之后，仍能保持简洁与灵活。设计归根结底就是软件的一切。

我写过很多关于设计的内容。我写过关于设计原则、设计模式和架构的几本书。而且还有很多其他作者也写过这个主题的书。软件设计方面的文字资料汗牛充栋。

但那些不是本章要讨论的。建议你自行研究有关设计的内容，阅读图书，理解软件设计和架构的原则、模式和理论体系。

而所有这些内容的关键，亦即我们所需的全体特点在设计中的反映，一言以蔽之，曰"简"。如切特·亨德里克森（Chet Hendrickson）所言："鲍勃大叔写了上千页关于整洁代码的内容。而肯特·贝克只写了四行字。"[1]这四行字就是我们在这里要集中探讨的。

乍看之下，满足系统所有需求特性，同时提供最大修改灵活性的最简设计就是该系统的最佳设计。然而，这会令我们思考简单性的含义。[2]简单并不代表容易。简单意味着非联接，而非联接并不简单。

软件系统中哪些部分是联接着的？最为昂贵和突出的联接，莫过于将高层级策略纠缠于低层级细节的那些部分。连接 SQL 与 HTML、将框架服务于系统核心价值、按照业务规则做报表格式化等，这些操作往往造成可怕的复杂度。对于这些情况，联接易于实现，但难以添加新特性，难以修正缺陷，难以改进和清理设计。

简单设计是基于高层级策略不关心低层级细节实现的设计。高层级策略被隔离于低层级细节之外，不会受到对于低层级细节修改的影响。[3]

实现这种分隔的基本手段是*抽象*。抽象放大本质因素，消除无关因素。高层级策略是本质因素，所以被放大。低层级细节是无关因素，所以被隔离。

---

[1] 马丁·福勒在推特上引用的切特·亨德里克森在 AATC2017 上说的原话。切特说这句话时我也在场，而且完全同意。

[2] 2012 年，里奇·哈基（Rich Hickey）以《由简而易》（*Simple Made Easy*）为题做了精彩演讲。建议你听一听。

[3] 我在《架构整洁之道》一书中花了大量篇幅讨论这个话题（Addison-Wesley, 2018）。

这种抽象的实施手段是多态。我们安排高层级策略采用多态接口，用于管理低层级细节。然后，我们再来安排多态接口的低层级细节。这样一来，所有源代码依赖都是从低层级细节指向高层级策略的，而且高层级策略对低层级细节的实现一无所知。修改低层级细节不会影响高层级策略（见图 6.1）。

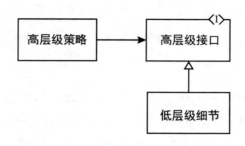

图6.1 多态

如果说最佳系统设计是满足特性的最简设计，那么我们可以说，这种设计必须有最少的抽象元素，将高层级策略与低层级细节隔离开来。

这与我们在 20 世纪 80 年代和 90 年代所采用的策略正好相反。在那些日子里，我们沉迷于在代码中植入钩子，以为可供未来之用。

我们之所以选了这么一条路，是因为那时软件很难修改——即便设计本身够简单。

软件为何难以修改？因为构建时间太长，测试时间更长。

在 20 世纪 80 年代，就连小系统都需要一小时以上的构建时间和许多小时的测试时间。当然，测试是手工进行的，所以也很不完善。随着系统变得更大、更复杂，程序员们也更加不敢做出修改。这导致了过度设计的思潮，推动我们构造复杂程度远超特性所需的系统。

20 世纪 90 年代，我们改弦更张，极限编程和敏捷编程诞生了。机器能力强大，构建时间被压缩到分秒之内。我们发现，已经能够采用支持快速运行的自动测试了。

这一技术飞跃让肯特·贝克谈到的 YAGNI 原则和简单设计四原则变得切实可行。

YAGNI

> 如果你不再需要它，会怎样？

1999 年，我和马丁·福勒、肯特·贝克、荣恩·杰弗里斯及另外几位朋友一起教极限编程课。话题转到过度设计和过早泛化。有人在白板上写下 YAGNI，说："你不需要它（You aren't gonna need it）。"贝克打断他说，也许你仍然需要它，但应该问问自己："如果不需要呢（What if you aren't）？"

此即 YAGNI 问句的出处。每次当你认为"我需要这个钩子"时，问问自己，如果根本不用钩子会怎样。如果丢弃钩子的成本可以接受，大概就不该用钩子。如果在设计中使用钩子的成本随着时间推移变得太高，而用到钩子的概率很低的话，大概你就不该把钩子放进来。

很难想象 20 世纪 90 年代末的钩子狂热。设计者们拼命往软件中塞钩子。那时，钩子被认为是软件领域的共识和"最佳实践"。

所以，当极限编程的 YAGNI 规则刚出现时，立即被严厉批判，被认为是异端邪说和无理废话。

讽刺的是，如今 YAGNI 是良好软件设计的最重要规则之一。如果你有一套像样的测试集，且熟知重构规则，添加新特性和修改设计来支持该特性的代价，几乎必然小于实现和维护未来才可能用得上的钩子的代价。

无论怎么看，钩子都问题多多。我们很少能用对它，因为我们特别不擅长预测客户真正想做的事。所以，我们往往基于不怎么会发生的假设情况，塞进了远多于所需的钩子。

更重要的是，千兆赫兹级别时钟频率和以 TB 计的内存对软件过程和架构产生的影响出乎我们的意料。直至 20 世纪 90 年代末，我们才意识到，我们能借助这些进步来大幅简化设计。

软件行业最吊诡的事是，按照摩尔定律以指数级别发展的处理器速度，推动我们打造越来越复杂的软件系统，同时也令我们有可能简化这些系统的设计。

事实证明，YAGNI 是我们现在掌握的几乎无限的计算机能力的意外结果。因为构建时间已经缩减到几秒钟，因为只要我们能编写和执行全面的测试集，并确保其几秒钟就执行完毕，我们就能不把钩子放进去，而是随着需求的变化重构设计。

这是否意味着永远不需要钩子呢？我们是否总是只为今日所需的特性设计系统呢？我们是否永不向前看，永不做未来计划呢？

不，那不是 YAGNI 的意思。有时，使用钩子会是好主意。在代码中预留未来余地的做法并未过时，顾及未来永远是明智做法。

只不过，在过去二三十年里，权衡因素急剧变化，导致如今最好放弃大部分钩子。所以我们会问：

如果你不再需要它，会怎样？

用测试覆盖

我第一次读到贝克的简单设计法则是在《解析极限编程——拥抱变化》（*Extreme Programming Explained*）第一版 [1] 中。那时，四大法则如下所示：

1. 系统（代码和测试）必须与你要沟通的一切沟通。
2. 系统不能有重复代码。
3. 系统应包括尽量少的类。
4. 系统应包括尽量少的方法。

到了 2011 年，四大法则演化成了：

1. 测试通过。
2. 揭示意图。

---

[1] Kent Beck, *Extreme Programming Explained* (Addison-Wesley, 1999).

3. 没有重复。

4. 小。

2014 年，科瑞·海恩斯（Corey Haines）写了一本阐述这四大法则的书 [1]。

2015 年，马丁·福勒写了一篇关于这个主题的网文 [2]。他换了一种说法来谈四大法则：

1. 通过测试。

2. 揭示意图。

3. 没有重复。

4. 最少元素。

在本书中，我这样表达第一法则：

1. 用测试覆盖。

注意第一法则在不同年代是如何被强调的。第一法则被一分为二，后两个法则却合二为一。还要注意，随着时间推移，测试的功用从沟通变为覆盖，重要性越来越高。

覆盖

测试覆盖的概念由来已久。我能找到的最早讨论可以追溯到 1963 年。[3]那篇文章开头两段我认为即便不是振聋发聩，也算很有意思。

> 有效的程序检查对任何复杂计算机程序都必不可少。在程序被认为可以应用于实际问题之前，总是要对其运行一个或多个测试用例。每个测试用例都会检查程序

---

[1] Corey Haines, *Understanding the Four Rules of Simple Design*(Leanpub,2014).

[2] Martin Fowler, "*BeckDesignRules*," March 2, 2015.

[3] Joan Miller, Clifford J Maloney, "Systematic Mistake Analysis of Digital Computer Programs," *Communications of the ACM 6*, no. 2 (1963): 58–63.

中实际用于计算的部分。然而，错误往往在程序投入运行后几个月（甚至几年）才出现。这表明程序中，在很少出现的输入条件下才会被调用的部分，在检查阶段没有被正确测试。

想要信心十足地依赖任何特定程序，仅仅知道该程序在大多数情况下都能工作或者它迄今为止甚至没有出过错，远远不够。真正的问题是，是否可以指望它每次都能成功满足其功能设计规格。这意味着，在程序通过检查阶段后，即使输入数据或条件的不寻常组合，也不应存在程序出现意外错误的可能性。程序的每一部分都必须在检查时使用，以便确认其正确性。

1963 年，距在第一台电子计算机上运行第一个程序[1]不过区区十七年。那时我们已经知道，减少软件错误威胁的唯一有效途径就是测试每一行代码。

过去几十年里一直有各种代码覆盖工具出现。我不记得第一次见到是什么时候。我想大约在 20 世纪 80 年代末到 90 年代初吧。当时，我使用 Sun Microsystem 公司的 Sparc 工作站，而 Sun 公司就有一个叫作 tcov 的工具。

我也不太记得第一次听到有人问"你代码覆盖率是多少"是在什么时候了。大概在 21 世纪早期吧。但在那以后，代码覆盖率的概念就变得非常普遍了。

从那时起，作为持续构建的一部分运行代码覆盖工具，发布每个构建版本的代码覆盖率数值，几乎成了软件团队的惯例。

代码覆盖率达到多少合适呢？80%？90%？很多团队认为这样的数字足够好了。但在本书出版前 60 年，米勒和马洛尼给出了很不一样的答案：100%。

除了 100%，其他数字有什么意义呢？如果你满足于 80%的代码覆盖率，那你还有 20%的代码不知道能不能正常工作。你怎么可能满足于此？你的客户怎么可能满足于此？

所以，当我在简单设计的第一法则中用到"覆盖"一词时，我就是指覆盖 100%的代码行，以及覆盖 100%的代码分支。

---

[1] 基于第一台计算机是 Automated Computing Engine，第一个程序在 1946 年运行。

渐近目标

你也许会抱怨，100%是不可能达到的目标。我无可辩驳。覆盖100%的代码行和100%的分支绝非易事。实际上，在一些情形下也许不现实。但那并不意味着覆盖率没有提升空间。

将100%看作渐近目标吧。也许你永远无法达到，但没理由不在每次签入代码时逼近它。

我参与过多个代码行数增长到许多万行，但代码覆盖率一直维持在百分之九十几的项目。

设计？

不过，如此之高的代码覆盖率与简单设计有何关系呢？覆盖率为何是第一法则呢？

> 可测试的代码就是解耦了的代码。

为了让代码中的每个部分都达到够高的行与分支覆盖率，测试代码就该能访问这些部分。这意味着每个部分必须与其他代码充分解耦，可以分离出来，从单独的测试中调用。所以，这些测试不仅测试行为，也测试耦合程度。编写分离出来的测试也是一种设计行为，因为被测试的代码必须被设计为可被测试。

在第四章"测试设计"中，我们将探讨测试代码和生产代码如何往不同方向演化，以防止测试与生产代码耦合得太紧，从而产生脆弱的测试。但测试脆弱问题与模块脆弱问题并无二致，解决方法也一样。如果系统的设计能避免测试变得脆弱，那么它也能防止系统的其他元素变得脆弱。

但还有更多好处

测试并不只是能推动你创造出解耦和强固的设计，它还能让你持续改进这些设计。如我们多次谈到的那样，可信赖的测试集能极大地减少对修改的恐惧。如果你拥有这样的测试集，而且如果测试集执行得很快，那么每当找到了更好的做法时就能改进代码设计。当现有设计无法满足需求变化时，这些测试将能让你无所畏惧地改进设计，更好地满足新需求。

这就是覆盖率作为简单设计第一法则,而且是最重要法则的原因。没有覆盖系统的测试集,另外三条法则就变得不切实际,因为这些法则都基于高覆盖率。而且另三条法则与重构有关。没有良好、详尽的测试集,重构几乎无法做到。

充分表达

在编程早期的几十年里,我们的代码无法揭示意图。事实上,"代码"(code)这个名字本身就表明意图被掩盖了。在那些日子里,代码看起来像图 6.2 这样:

```
/ROUTINE TO TYPE A MESSAGE               PAL8-V10D NO DATE    PAGE 1
        /ROUTINE TO TYPE A MESSAGE
  0200          *200
  7600          MONADR=7600
00200 7300 START, CLA CLL         /CLEAR ACCUMULATOR AND LINK
00201 6046       TLS              /CLEAR TERMINAL FLAG
00202 1216       TAD BUFADR       /SET UP POINTER
00203 3217       DCA PNTR         /FOR GETTING CHARACTERS
00204 6041 NEXT, TSF              /SKIP IF TERMINAL FLAG SET
00205 5204       JMP .-1          /NO: CHECK AGAIN
00206 1617       TAD I PNTR       /GET A CHARACTER
00207 6046       TLS              /PRINT A CHARACTER
00210 2217       ISZ PNTR         /DONE YET?
00211 7300       CLA CLL          /CLEAR ACCUMULATOR AND LINK
00212 1617       TAD I PNTR       /GET ANOTHER CHARACTER
00213 7640       SZA CLA          /JUMP ON ZERO AND CLEAR
00214 5204       JMP NEXT         /GET READY TO PRINT ANOTHER
00215 5631       JMP I MON        /RETURN TO MONITOR
00216 0220 BUFADR, BUFF           /BUFFER ADDRESS
00217 0220 PNTR,  BUFF            /POINTER
00220 0215 BUFF,  215;212;"H;"E;"L;"L;"O;";0
00221 0212
00222 0310
00223 0305
00224 0314
00225 0314
00226 0317
00227 0241
00230 0000
00231 7600 MON,  MONADR           /MONITOR ENTRY POINT
```

图6.2 早期程序一例

请注意那些无处不在的注释。测试绝对必要,因为代码本身根本没有揭示出程序的意图。

然而,我们已不在 20 世纪 70 年代工作了。我们使用的语言具有极大的表现力。遵守适当的纪律，我们可以生产像"写得很好的散文，从不掩盖设计者的意图"[1]的代码[2]。

下面这段来自第 4 章录像带租赁店例子的 Java 代码就是这种代码的范例：

```java
public class RentalCalculator {
  private List<Rental> rentals = new ArrayList<>();

  public void addRental(String title, int days) {
    rentals.add(new Rental(title, days));
  }

  public int getRentalFee() {
    int fee = 0;
    for (Rental rental : rentals)
      fee += rental.getFee();
    return fee;
  }

  public int getRenterPoints() {
    int points = 0;
    for (Rental rental : rentals)
      points += rental.getPoints();
    return points;
  }
}
```

如果你不是项目成员，可能不理解这段代码中的所有内容。然而，即使只是最粗略地一瞥，设计者的基本意图也很容易识别。变量、函数和类型的名称极具描述性，算法的结构也很容易看出来。这段代码具有表现力。这段代码很简单。

---

[1] Martin, *Clean Code*, p. 8 (personal correspondence with Grady Booch).

[2] 来自与 Grady Booch 的私人通信，发表在 *Clean Code* 上，作者及其他信息为 Robert C. Martin, Pearson Education, 2009, p8。——译者注

底层抽象

为了防止你认为,表达性仅仅指为函数和变量起个好名字,我应该指出,还有另一个考虑:层级的分隔和对底层抽象的阐述。

如果每行代码、每个函数和每个模块都安置在定义明确的分区中,清楚描述了代码的层级,以及自身在整个抽象中的位置,那么这个软件系统就具有表现力。

你可能已经发现这句话难以理解,所以我再啰唆一下,说得更清楚一些。

想象一个需求复杂的应用程序。我喜欢用的例子是一个工资系统。

- 按小时计薪的雇员每周五根据他们提交的考勤卡领取工资。在一周内工作 40 小时后,他们每工作一小时都会获得一个半小时的工资。
- 提成类雇员在每个月的第一个和第三个星期五发工资。薪酬由基本工资和他们所提交的销售收据的佣金组成。
- 固定薪资类雇员的工资在每月的最后一天支付。月薪数额固定。

应该不难想象,用一组带有复杂的 `switch` 语句或 `if/else` 链的函数可以捕捉到这些需求。然而,这样的一组函数很可能会掩盖底层抽象。底层抽象是什么?

```java
public List<Paycheck> run(Database db) {
  Calendar now = SystemTime.getCurrentDate();
  List<Paycheck> paychecks = new ArrayList<>();
  for (Employee e : db.getAllEmployees()) {
    if (e.isPayDay(now)){
      paychecks.add(e.calculatePay());
    }
  }
  return paychecks;
}
```

请注意,这里没有提到任何盘踞在需求里的狰狞细节。这个应用的本质是我们需要在发薪日支付所有员工的工资。把高层级的策略和低层级的细节分开,是使设计简单和富有表现力的最基本要素。

再论测试：问题的后半部分

回到贝克的初版第一法则：

> 1. 系统（代码和测试）必须与你要沟通的一切沟通。

他这么说有自己的理由。而且，在某种意义上，后来的修改并非幸事。

无论生产代码多有表达力，都不能与它所在的上下文沟通。那是测试的事。

你写的每个测试，尤其是那些独立和解耦的测试，都展示了生产代码本该如何使用。测试写得好，就成了它们要测试那部分代码的最佳调用范例。

因此，代码与测试相得益彰，展示了系统中每个元素的功用，以及系统中每个元素该被如何使用。

这与设计有何关系呢？当然是全然有关。设计要达到的基本目标就是让其他程序员能容易地理解、改进和升级我们的系统。除了让系统表述它能做什么，以及该怎么用，没有更好的路子可以实现这一目标。

尽量减少重复

在软件的早期，我们根本就没有源代码编辑器。我们用 2 号铅笔在预先印好的编码表上写代码。最好的编辑工具是一块橡皮。我们没有用于复制和粘贴的有效方法。

正因如此，我们没有重复代码。对我们来说，创建代码片段的单一实例并将其放入子程序中，更为方便。

但后来出现了源代码编辑器。编辑器带来了复制/粘贴操作。突然间，复制代码片段并将其粘贴到新位置，然后修改到能工作为止，变得容易多了。

因此，年复一年，越来越多的系统中出现了大量重复代码。

重复通常问题多多。两段或更多类似的代码往往需要一起修改。很难找到这些雷同部分。正确修改它们甚至更难，因为它们存在于不同的上下文代码中。而且，重复会导致脆弱。

一般来说，最好将重复代码抽象为新函数，并为其提供适当的参数，以适应不同调用场景的差异。这样，就消灭了重复代码。

有时，这种策略行不通。例如，有时重复发生在遍历复杂数据结构的代码中。系统的许多不同部分可能希望遍历该结构，并将使用相同的循环和遍历代码，然后在该代码的主体中操作数据结构。

数据结构随着时间推移发生变化，程序员将不得不找到遍历代码中的全部重复内容，并且正确地做修改。遍历代码重复越多，出现脆弱问题的危险性就越大。

使用lambda表达式、Command对象、Strategy模式，甚至Template Method模式[1]，将重复代码封装起来，向遍历代码传递必需的操作，就能消除重复代码。

意外重复

并非所有的重复都应该消除。在有些情况下，两段代码可能非常相似甚至一模一样，但将会出于截然不同的原因而被修改[2]。我将这类情况称为意外重复。意外重复不应该被消除。应该允许重复持续存在。随着需求的变化，两段代码将各自演化，这种重复将被消解。

显然，管理重复代码并非小菜一碟。鉴别真重复代码与意外重复代码，封装与孤立真重复代码，需要多多思考、谨慎对待。

判别真重复与意外重复，极大地取决于代码表达自身意图的程度。意外重复的两段代码各有意图。真重复的代码意图一致。

---

[1] Erich Gamma, Richard Helm, Ralph Johnson, and John M Vlissides, *Design Patterns: Elements of Reusable Object-Oriented Software* (Addison-Wesley, 1995).

[2] 参见单一权责原则。Robert C. Martin, *Agile Software Development: Principles, Patterns, and Practices* (Pearson, 2003).

使用抽象手段、lambda 表达式和设计模式来封装与孤立真重复，牵涉到大量重构工作。重构需要足够坚固的测试集。

所以，消除重复在简单设计法则中位列第三。先是测试，然后是表达。

尺寸尽量小

简单设计由简单元素组成。简单元素很小。简单设计的最后一条法则指出，在让所有的测试都通过之后，在让代码尽可能有表现力之后，在把重复的部分降到最低之后，接下来你应该在不违反其他三条法则的情况下，努力减小每个函数内部的代码规模。

该如何做到？主要是通过抽取更多函数。正如我们在第 5 章"重构"中所讨论的，抽取函数，直到不能再抽取为止。

这样做给你留下了精巧的小函数，由于它们有漂亮的长名字，因而有助于使函数非常小，而且富有表现力。

简单设计

好多年前，肯特·贝克和我讨论过设计原则。我一直纠结于他提出的观点。他说，如果你不打折扣地遵循四法则，也就满足了其他设计原则——这些设计原则可以精简为覆盖率、表达、单一化与缩减。

我不知道他说得对不对。我不知道一套高覆盖、表达力强、没有重复代码、尺寸足够缩减的程序是否满足开放-闭合原则或单一权责原则。但我确定的是，学习优秀的设计和架构原则（例如 SOLID 原则）极大地有助于创建既切分恰当又简单的设计方案。

本书主题不是那些原则。之前我已写过好几本谈这个话题的书[1]，其他人也写过。建议你去读读那些著作，学习那些原则，磨炼你的技艺。

1　参见 Martin, *Clean Code*; *Clean Architecture*; *Agile Software Development: Principles, Patterns, and Practices*.

第7章 协同编程

成为团队的一员意味着什么？想象一队球员在球场上与对手对抗，努力向前传球。其中一名球员被绊倒了，但比赛继续进行。其他球员是怎么做的？

其他球员改变他们的场上位置，适应新的现实，保持球在场上移动。

这就是团队的行为方式。当一名团队成员倒下时，团队为该成员提供掩护，直到他重新站起来。

编程团队如何成为这样的团队？如果有人请一周病假，或者在编程时表现不佳，团队如何弥补？我们协作！我们一起工作，这样整个系统的知识就会在团队中传播。

当鲍勃倒下时，最近与鲍勃一起工作过的其他人，可以填补这个空缺，直到鲍勃重新站起来。

古语有云："三个臭皮匠顶个诸葛亮。"这是协同编程的基本前提。两个程序员协同通常被称为结对编程[1]。当三个或更多的人合作时，就叫作结组编程[2]。

团队协同规则关乎两个或多个成员同时写同一套代码。如今，这往往通过使用屏幕共享软件来实现。两个程序员在各自的屏幕上看到相同的代码。两人都可以使用鼠标和键盘来操作这些代码。他们的工作空间在本地或通过网络相互从属。

这样的协同通常不应占据全部编程时间。协同通常是短时间、非正式、间歇性的行为。团队协同时间取决于团队的成熟度、技能、所处位置和成员情况，大体占总开发时间的 20%~70%。[3]

一次协同可以只持续 10 分钟，也可以长达一两小时。更短或更长都没什么帮助。我喜欢的协同策略是使用番茄工作法（Pomodoro Technique）。[4]这种技巧将工作时间切分为每个时长为 20 分钟左右的"番茄"，番茄与番茄之间有少许休息时间。协作时间应该在一至三个番茄之间。

协同后续的时间要比编程任务短得多。每个程序员负责具体任务，时不时邀请协作者帮助

---

[1] Laurie Williams, Robert Kessler, *Pair Programming Illuminated* (Addison-Wesley, 2002).

[2] Mark Pearl, *Code with the Wisdom of the Crowd* (Pragmatic Bookshelf, 2018).

[3] 也有全程结对编程的团队。他们似乎乐在其中，而且所获甚多。

[4] Francesco Cirillo, *The Pomodoro Technique* (Currency Publishing, 2018).

自己履行责任。

协同和要操作的代码都没有所谓负责人。每位参与者都是平等的代码作者与贡献者。当协同中发生争执时，负责具体任务的程序员拥有最终裁决权。

在协同工作时，大家的眼睛都盯着屏幕，大家的脑子都在想同一个问题。其中一两位可能坐在键盘前，但其他人常常会换上来。不妨把协同看成是同时进行的编码练习与代码审查。

这样的协同需要大量精力投入，请做好准备，它会让人筋疲力尽。一般程序员可以忍受在这种强度下工作一两小时，然后休息一下，做一些消耗较少的事情。

你可能不无疑虑，这样的协同是对人力的低效利用吗？两个人独立工作不是比两个人一起工作更利于完成任务吗？事实证明，这种想法并不是很正确。对结对编程的程序员的研究表明[1]，在结对过程中，生产力只下降了 15%，而不是人们所担心的 50%。然而，在结对过程中，结对者制造的缺陷会减少 15%，而且（更重要的是）每个功能的代码量会减少 15%。

最后两个统计数字意味着，结对编写的代码结构明显好于程序员单独编写的代码结构。

我还没看到有关结组编程的相关研究，但有些资料可资证明。[2]

无须专门安排结对和结组编程。经理们与其将其列在任务表上，还不如鼓励每个程序员开口请别人帮忙一起写点儿代码。

老手可以和新手协同。当他们这样做时，老手的速度在结对期间会被新手拖慢。另外，新手则进步甚大——算总账很划算。

老手也可以和老手协同，只要保证屋里没凶器就好。

---

[1] 有两个相关研究，一是 "*Strengthening the Case for Pair Programming*"，来自 Laurie Williams, Robert R. Kessler, Ward Cunningham 和 Ron Jeffries, *IEEE Software* 17, no. 4 (2000), 19‐25；二是 "*The Case for Collaborative Programming*"，来自 J. T. Nosek, *Communications of the ACM* 41, no. 3 (1998), 105–108。

[2] Agile Alliance, "*Mob Programming: A Whole Team Approach*," AATC2017.

新手可以和新手协同,但老手应在一旁加以关注。新手往往喜欢与其他新手一块儿工作。如果这种情况发生太频繁,老手就要介入。

　　有些人只是不喜欢参与特定形式的协同。有些人乐意独自工作。除非是被同事间合理的竞争压力所驱动,否则就不该逼他们参与协同。也不应该因其意愿而歧视他们。他们常常喜欢结组甚于结对。

　　协同是一种需要时间和耐心才能获得的技能。在练习了许多小时之前,不要指望自己能成为好手。然而,这是一项对整个团队和每个参与其中的程序员都非常有益的技能。

第8章　验收测试

在整洁匠艺的所有纪律中，验收测试是程序员最无力控制的一项。执行这一纪律需要业务部门参与。不幸的是，事实证明，到目前为止，许多业务部门连适当参与也不愿意。

你怎么知道一个系统在何时已准备好部署？世界各地的机构经常安排 QA 部门或小组来"保佑"部署，做出部署决定。通常情况下，这意味着 QA 人员要进行大量手动测试，检查系统的各种行为，直到确信系统行为符合规划。当这些测试"通过"时，系统就可以部署了。

这意味着，系统的真正需求是那些测试。需求文件里是怎么说的并不重要，重要的是测试。只有 QA 在运行他们的测试后签字，系统才能被部署。因此，这些测试才是需求。

验收测试纪律认识到了这个简单的事实，并主张所有的需求都要规划为测试。在每个特性实施前不久，业务分析师（Business Analysis，BA）和 QA 团队基于特性编写这些测试。QA 不负责运行这些测试；任务留给了程序员。因此，程序员将很有可能使这些测试自动化。

脑子正常的程序员都不会愿意一次又一次地手动测试系统。程序员会将事情自动化。因此，如果程序员负责运行测试，程序员会将这些测试自动化。

然而，测试由 BA 和 QA 编写，程序员必须能够向 BA 和 QA 证明，自动化测试确实是在执行他们编写的测试。因此，自动化测试的语言必须是 BA 和 QA 能够理解的语言。事实上，BA 和 QA 应该能够用该自动化语言编写测试。

近些年来，有一些工具被发明出来帮助解决这个问题，如FitNesse[1]、JBehave、SpecFlow和Cucumber等。但是工具并非真正问题所在。软件行为总是被描述为一组简单功能，即指定输入数据、执行的动作和预期输出数据。这就是众所周知的AAA模式：安排、行动和断言[2]。

所有的测试都从安排输入数据开始。然后，测试执行要测试的动作。最后，测试断言该动作的输出数据符合预期。

这三个要素可以用各种不同的方式来指定；但最容易操作的是如图 8.1 所示的简单表格形式。

---

[1] fitnesse.org

[2] 比尔·维克于 2001 年总结出这套模式。

widget should render		
wiki text	html text	
normal text	normal text	
this is ''italic'' text	this is <i>italic</i> text	italic widget
this is '''bold''' text	this is bold text	bold widget
!c This is centered text	<center>This is centered text</center>	
!1 header	<h1>header</h1>	
!2 header	<h2>header</h2>	
!3 header	<h3>header</h3>	
!4 header	<h4>header</h4>	
!5 header	<h5>header</h5>	
!6 header	<h6>header</h6>	
http://files/x	<a href="files/x">http://files/x</a>	file link
http://fitnesse.org	<a href="http://fitnesse.org">http://fitnesse.org</a>	http link
SomePage	SomePage<a title="create page" href="SomePage\?edit&nonExistent=true">\[\?\]</a>	missing wiki word

图8.1　FitNesse工具中某个验收测试的一部分结果

图 8.1 中的例子来自 FitNesse 工具中某个验收测试的一部分。FitNesse 是一个 wiki 工具，该测试检查各种标记是否被正确地翻译成了 HTML。要执行的动作是 `widget should render`，输入数据是 `wiki text`，输出是 `html text`。

另一种常见形式是 Given-When-Then（对于-当-则）：

```
Given a page with the wiki text: !1 header
When that page is rendered.
Then the page will contain: <h1>header</h1>
```

应该不难发现，这些形式，不管是写在验收测试工具中，还是写在简单的电子表格或文本编辑器中，都相对容易实现自动化。

纪律

依据这套纪律最严格的要求,BA 和 QA 负责编写验收测试。BA 专注于快乐场景,而 QA 专注于探索系统可能失败的路径。

这些测试在被测试的功能开发的同时或之前编写。在敏捷项目中,测试分为多个冲刺(Sprint)或迭代(Iteration)。测试在每个冲刺开始的前几天编写,在每个冲刺结束时都要全体通过。

BA 和 QA 向程序员提供这些测试,而程序员将其自动化,并全程让 BA 和 QA 参与。

这些测试定义了"完成"。在某个功能的所有验收测试通过之前,该功能都不算完成。而当所有的验收测试都通过后,该功能就完成了。

当然,这也给 BA 和 QA 带来了巨大的责任。他们编写的测试必须完整规定被测试的功能。验收测试集就是整个系统的需求文档。通过编写验收测试,BA 和 QA 要证明,当这些测试通过时,特性业已完成和可以正常工作了。

有些 BA 和 QA 团队可能不习惯于写这样正式和详细的文档。在这种情况下,程序员可能希望在 BA 和 QA 的指导下编写验收测试。中间目标是创建 BA 和 QA 能阅读和认可的测试。最终目标是让 BA 和 QA 有足够的能力来写测试。

持续构建

一旦验收测试通过,它就成了运行于持续构建期间的测试集。

持续构建是一套自动化过程。每当程序员将代码签入源代码控制系统时,持续构建就会运行[1]。它基于源代码构建系统,运行一整套自动化程序员单元测试集和自动化验收测试集。每个人都应该一直关注持续构建的状态。

持续构建运行所有这些测试,确保后续对系统的修改不会破坏可正常工作的特性。在持续构建时,如果之前能通过的验收测试失败了,团队就该立即响应,在做出其他改动前,先加以修复。容许失败在持续构建中累积,将会造成毁灭性后果。

---

1 在几分钟之内。

第 II 部分　标准

标准是期望值的底线。我们不能越过这些底线。它们是最后的防线。可以高于标准，但永远不应低于标准。

你的新 CTO

假设我是你的新 CTO。我会告诉你我对你的期望。你必须了解这些期望，而且要从对立的两个角度来检视。

首先是从经理、执行官和用户的角度来看。站在他们的立场上，这些期望看起来既明显又正常。经理、执行官和用户都不愿意降低期望。

身为程序员，你可能更加熟悉第二个角度。那就是程序员、架构师和技术负责人的角度。站在他们的立场上，这些期望看起来极端、不可能实现、甚至疯狂。

两种角度对于期望值的不同看法，正是软件工业主要的失败之处，也是亟待我们修正的问题。

作为你的新 CTO，我期望……

第 9 章　生产力

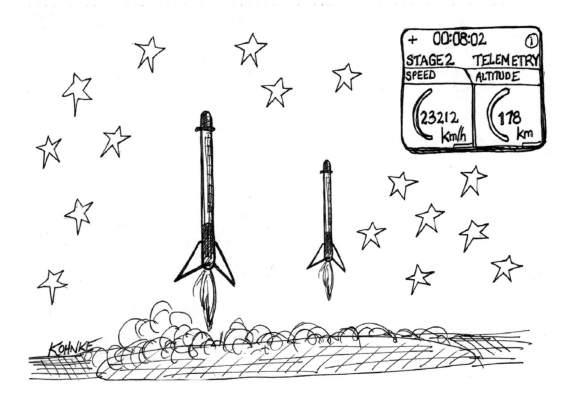

作为你的 CTO，我对生产力有一些期望。

永不交付 S**T[1]

作为你的新 CTO，我希望我们不交付 S**T。

我相信你知道 S**T 代表什么。作为你的新 CTO，我希望我们不交付 S**T。

你有没有交付过 S**T？我们大多数人都交付过。我也交付过。这感觉并不好。我不喜欢，用户不喜欢，经理不喜欢，没有人喜欢。

那么，我们为什么要这样做？为什么我们会交付 S**T？

出于各种原因，我们以为自己没得选。也许因为我们得赶上最后期限。也许因为我们羞于做悲观预估。也许只是纯粹因为马虎或粗心。也许因为有来自管理层的压力。也许是有关自我价值。

---

1 S**T 是英文单词 shit 的避讳形式，指代极糟糕的东西。为保留原文风格，此处不做翻译。——译者注

无论何种原因，都不该交付 S**T。不交付 S**T 是最低标准的要求。

什么是 S**T？我确信你早已知道，但还是一起来看看。

- 你写出的每个缺陷都是 S**T。
- 你没测试过的每个函数都是 S**T。
- 你没有好好写的每个函数都是 S**T。
- 对细节的每个依赖都是 S**T。
- 每个不必要的耦合都是 S**T。
- 在 GUI 里出现的 SQL 语句是 S**T。
- 业务规则里面出现的数据库 Schema 是 S**T。

还可以继续罗列。简言之，当违反前面章节中所列纪律时，都有交付 S**T 的风险。

这并不意味着必须在任何时候都遵守每条纪律。

我们是工程师。工程师要做权衡。但工程上的权衡不是纵容粗心大意或马马虎虎。如果不得不违反一条纪律，最好有像样的理由。

更重要的是，最好有像样的缓解措施。

比如，你在编写级联样式表（CSS）代码。先为 CSS 写出自动化测试几乎总是不切实际的。在屏幕上看到 CSS 之前，你并不知道它将如何呈现。

那么，我们如何面对 CSS 破坏了 TDD 测试纪律的事实呢？

我们将不得不用肉眼测试 CSS。我们还必须在客户可能使用的所有浏览器中进行测试。因此，最好对我们想在屏幕上看到的东西有标准描述，以及搞清楚我们能容忍多大变动。更重要的是，我们最好想出技术解决方案，使 CSS 易于手动测试，因为我们，而不是 QA，要在发布之前测试它。

换言之，这就叫作：干好工作。

这就是每个人真正期望的。所有经理，所有用户，所有我们曾经接触过或被我们的软件接触过的人，都期望我们能做得好。我们决不能让他们失望。

我希望，我们永远不交付 S**T。

成本低廉的变更适应能力

Software 是个复合词，意思是"灵活的产品"。软件存在的全部理由是为了让我们能够快速和容易地改变机器行为。如果我们制造的软件难以改变，我们就会破坏软件存在的根本理由。

然而，软件不够灵活仍然是我们这个行业的巨大问题。我们如此关注设计和架构的原因本就是为了提高系统的灵活性和可维护性。

为什么软件会变得僵化、不灵活和脆弱？同样，这是因为软件团队没有遵守保证灵活性及可维护性的测试和重构纪律。在某些情况下，这些团队可能只依赖于最初的设计和架构。在其他情况下，他们可能依赖于那些"拍脑袋"式的决定。

但是，无论你创建了多少个微服务，无论你为最初的设计和架构设想了多好的结构，如果不遵守测试和重构纪律，代码就会迅速退化，系统将变得越来越难以维护。

我并不希望发生这种情况。我希望当客户要求变更时，开发团队能够明确回应，给出策略，说明变更范围与所需费用的比例关系。

客户可能不了解系统的内部结构，但他们对自己要求的变更范围有良好认识。他们明白，一处变更可能会影响许多功能。他们希望变更的成本与影响范围相对应。

不幸的是，随着时间的推移，太多的系统变得如此不灵活，以至于变更的成本上升到了客户和经理无法根据变更范围来合理规划的程度。更糟糕的是，开发人员以系统架构不支持为由，反对某些类型的变更，这种情况并不罕见。

抵制客户改变要求的架构是与软件的意义和意图对立的架构。这样的架构必须修改，以适应客户将会做出的变动。经过良好重构的系统和让人足够信任的测试集，没有什么能比它们更容易实现这样的变动了。

我希望系统的设计和架构能够随着需求的变更而变化。我希望当客户要求变更时，这些变更不会被现存架构或现有系统的僵化和脆弱所阻碍。

我希望得到成本低廉的需求变更适应能力。

时刻准备着

作为你的新 CTO，我希望我们时刻准备着。

早在敏捷流行之前，大多数软件专家就已明白，运行良好的项目会经历有规律的部署和发布节奏。在早期，这种节奏往往是快速的：每周，甚至是每天。然而，从 20 世纪 70 年代开始的瀑布运动大大减缓了这种节奏。周期变成了几个月，有时甚至是几年。

在千年之交，敏捷的出现再次证明了对快速节奏的需求。Scrum 建议冲刺时间为 30 天。XP 建议迭代时间为三周。两者都迅速将节奏加快到以两周为单位。如今，每天部署多次的情况并不少见，开发团队有效地将开发周期减少到接近零。

我希望节奏够快，不要超过一到两周的时间。在每个冲刺结束时，我希望软件在技术上已经准备完毕，随时可以发布。

技术上准备好发布，并不意味着企业已想要发布。虽然软件在技术上已做好准备，但可能还没覆盖企业认可的完整或适合其客户和用户的功能集。技术上做好准备，仅仅意味着如果企业决定发布它，开发团队，包括 QA，都不会有异议。该软件可以工作，已经过测试，文档齐备，并且已经准备好部署。

这就是"时刻准备着"的意思。我不希望开发团队通知业务部门还要等待。我不希望有很长的磨合期或所谓的稳定期。Alpha 和 Beta 测试可能适宜用来确定与用户的功能兼容性，但不应该用来消除编码缺陷。

很久以前，我的公司为某个给法律界制造文字处理器的团队提供咨询。我们教他们极限编程。他们最终达到这样的程度：团队每周都会刻录一张新的光盘。[1]他们会把光盘放在开发商实验室里保存的一堆每周发布的光盘的最上面。销售人员在为潜在客户做演示前，会顺路走进实验室，取走这堆光盘中最上面的那张。这就是开发团队的准备程度。这也是我希望我们能做好的准备。

像这样频繁的准备，需要遵守非常严格的计划纪律、测试纪律、沟通纪律和时间管理纪律。当然，这些都是敏捷纪律。利益相关者和开发人员必须经常参与估算和选择最高价值的开发故事（Development Stories）。QA 必须深入参与提供自动验收测试，定义"完成"的概念。开发人员必须紧密合作，遵守密集测试、代码审查和重构纪律，以便在短时间内取得进展。

但"时刻准备着"不仅仅是遵循敏捷的教条和仪轨。时刻准备着是一种态度，一种生活方式。它是一种不断提供增量价值的承诺。我希望我们能够永远做好准备。

我希望我们时刻准备着。

稳定的生产力

软件项目经常会出现生产力随时间下降的情况。这是一种严重机制失调的表征。它由忽视测试纪律和重构纪律造成。这种忽视导致了纠缠不清、脆弱和僵化的代码不断增加。

这是一种失控效应。系统中的代码越是脆弱和僵硬，保持代码整洁就越困难。随着代码脆弱性增加，人们对变化的恐惧也在增加。开发人员变得越来越不愿意清理混乱的代码，因为他们担心这么做会导致更多缺陷产生。

这个过程在几个月内导致生产力加速损失。在接下来的每个月，团队的生产力似乎都在渐渐向零靠拢。

经理们经常试图通过为项目增加人力来对抗生产力下降。但这种策略往往会失败，因为新加入团队的程序员对变化的恐惧并不比一直在那里的程序员少。他们很快就学会仿效老成员的

---

[1] 是的，曾经有那么一段黑暗日子，软件用 CD 发布。

行为，于是问题将长期存在。

当被问及生产力的损失时，开发人员通常会抱怨代码有多糟糕，他们甚至开始主张重新设计系统。一旦开始，这种抱怨就会越来越多，直到管理者无法忽视。

开发者提出的论点是，如果他们从头开始重新设计系统，就可以提高生产力。他们一再保证，他们已经知道所犯的错误，而且不会重复这些错误。管理人员当然不相信这种说法。但经理们对任何能提高生产力的东西都很渴望。最后，尽管有成本和风险，许多经理还是同意了程序员的要求。

我希望这种情况不会发生。我希望开发团队能够持续保有高生产力。我希望开发团队能够不打折扣地遵守保持软件结构不退化的纪律。

我希望得到稳定的生产力。

第10章 质量

作为你的 CTO，我有一些关于质量的期望。

持续改进

我希望不断改进。

人类随着时间的推移在不断改善事物。

人类将秩序强加于混乱之上。人类使诸事变得更好。

我们的电脑比以前好。我们的汽车比以前好。我们的飞机、我们的道路、我们的电话、我们的电视服务，以及我们的通信服务都比以前好。我们的医疗技术比以前好。我们的航天技术比以前好。我们的文明比以前有了巨大的进步。

那么，为什么软件会随着时间的推移而退化呢？这实在非我所愿。

我希望，随着时间的推移，系统的设计和架构得到改善。我希望，随着时间的推移，软件变得更加整洁和灵活。我希望，随着软件成熟，修改成本会降低。我希望，一切都会随着时间的推移而变得更好。

想让软件随着时间的推移变得更好，需要什么？需要意志，需要态度，需要承诺遵守我们确知有效的纪律。

我希望当每次程序员签入时，代码都比签出时整洁。我希望每个程序员都能改进接触到的代码，无论自己为何接触它。在修正缺陷时，将代码改得更好。在增加功能时，将代码改得更好。我希望对代码的每一次操作都能带来更好的代码、更好的设计和更好的架构。

我希望代码能够持续改进。

免于恐惧

我希望团队免于恐惧。

随着系统内部结构退化，系统的复杂性会迅速变得难以处理。开发人员自然会越来越害怕做出改变。即使是简单的改进也充满风险。对做出改变和提升的抗拒，会大大降低程序员管理和维护系统的能力。

能力丧失并非程序员所愿。程序员并没有变得不称职。相反，系统日益增加的难以解决的复杂性开始超过程序员的能力。

随着系统越来越难处理，程序员开始害怕。这种恐惧加剧了问题的严重性，因为害怕改变系统的程序员只会做出他们认为"最安全"的改动。这样的改动很少能改进系统。事实上，所谓"最安全"的改动往往使系统更加退化。

如果任由这种惶恐与惊惧继续下去，预估的时间自然会增加，缺陷率会增加，最后期限会变得越来越难以实现，生产力会急剧下降，而士气则会跌入谷底。

解决办法是消除会加速退化的恐惧。具体而言，就是要执行纪律，通过创建程序员死心塌地信任的测试集来消除恐惧。如果系统出现问题，程序员必须有信心和能力来改进它。

有了这样到位的测试，加上重构和力求简单设计的技能，程序员就不会害怕清理退化无处不在的系统。他们将有信心和能力快速修正退化了的系统，让软件保持在持续改进的轨道上。

我希望团队能够一直无所畏惧。

极致质量

我期望得到好到极致的质量。

从什么时候我们开始接受"软件天生有缺陷"？从什么时候开始，软件中存在一定程度的缺陷可以被坦然接受？什么时候开始，我们认定做完 Beta 测试就可以发布？

我不接受缺陷是不可避免的说法。我不接受对缺陷抱有预期的态度。我希望每个程序员都能提供没有缺陷的软件。

我不只是在说软件行为缺陷。我希望每个程序员都能交付行为和结构都没缺陷的软件。

这个目标能够达到吗？这样的期望能得到满足吗？无论能或不能，我希望每个程序员都将其作为标准，持续努力去实现。

我期望好到极致的质量出自编程团队。

我们不把问题留给 QA

我希望我们不把问题留给 QA。

为什么存在 QA 部门？为什么公司要雇佣完全独立的团队来检查程序员的工作？答案很明显，也很令人沮丧。公司决定创建软件 QA 部门是因为程序员没有做好他们的工作。

我希望编程团队产出极高品质的软件。我们在什么时候有了将 QA 置于流程末端的想法？在太多的组织中，QA 在坐等程序员的软件。当然，程序员并没有如期给出软件，所以 QA 就只能通过缩短测试时间来赶上发布日期。

这使 QA 人员面临巨大压力。面对这样一项压力大又烦琐的工作，要保证发布日期，就必须走捷径。而这显然不能保证质量。

QA 之疾

你怎么知道 QA 是否已做得很好？你给他们加薪和晋升的依据是什么？是发现缺陷吗？最

好的 QA 人员是那些发现缺陷最多的人吗？

如果是这样，那么 QA 将缺陷视为好事。越多越好！而这当然不对头。

但是，可能并非只有QA从积极角度看待缺陷。软件行业有句老话[1]："我可以满足你的任何时间表，只要软件不必正常工作就行。"

这听起来可能很滑稽，但这也是开发人员可以用来赶上特定期限的策略——如果 QA 的工作就是发现缺陷，为何不按时交付，留些缺陷给他们发现呢？

不必开口。不必交易。不必握手。然而，每个人都知道，在开发人员和 QA 之间存在一种缺陷经济。这是大病。

我希望我们不把问题扔给 QA。

QA 什么问题也不会发现

如果 QA 处于开发过程的最后环节，我希望 QA 什么问题也找不到。开发团队的目标应该是让 QA 永远不会在最后发现缺陷。只要 QA 发现了缺陷，开发人员就应该想办法找出原因，修正过程，并确保它不再发生。

QA 们可能会想，如果永不会发现缺陷，为何要将 QA 放在研发的最后环节呢？

事实上，QA 并不适合放在研发过程的末端。QA 应该放在过程的开始处。QA 的工作不是找到所有缺陷，那是程序员的工作。QA 的工作是用测试来指定系统行为，给出足够细化的测试，方便排除最终系统中的缺陷。这些测试应该由程序员而不是 QA 来执行。

我希望 QA 什么问题也不会发现。

---

1 我从肯特·贝克那儿听来的。

测试自动化

大多数情况下，手动测试是对金钱和时间的巨大浪费。几乎所有可以自动化的测试都应该被自动化，包括单元测试、验收测试、集成测试和系统测试。

人工测试成本高昂。它应该留到需要人类判断时再执行，包括检查 GUI 是否美观、探索性测试和对交互难度的主观评价。

探索性测试特别值得一提。这种测试完全依赖于人类的聪明才智、直觉和洞察力。目标是广泛观察系统运行方式，从经验上推导系统的行为。探索性测试人员必须推断出不常见情况，并推断出适当的操作路径来复现之。这并非易事，需要大量的专业知识。

另外，大多数测试都可以自动化。绝大多数测试是简单的安排/行动/断言结构，可以通过提供预设输入和检查预期输出来执行。开发者负责提供函数调用 API，使这些测试能够快速运行，而不需要对执行环境进行大量配置。

开发人员在设计系统时，应抽象出缓慢或需要配置的操作。例如，如果系统大量使用关系型数据库管理系统（RDBMS），开发人员应该创建封装业务规则的抽象层。这将允许自动测试用预设输入数据取代 RDBMS，以大大增加测试的速度和可靠性。

较慢的和不方便的外围设备、接口和框架也应该被抽象化，这样单个测试就能够在几微秒内运行，就能够与具体环境相隔离，[1] 并且任何套接字计时、数据库内容或框架行为带来的模糊，也不会对单个测试造成影响。

自动化测试与用户界面

自动化测试不应该通过用户界面来测试业务规则。用户界面极易改变，改变原因更多来自时尚、设施和常见的营销混乱，与业务规则无关。如果自动化测试是通过用户界面驱动的，如

---

[1] 例如，在大西洋上空三万英尺的飞机上用笔记本电脑。

图 10.1 所示，测试就会受到这些变化的影响。结果，测试变得非常脆弱，并且经常导致测试因为太难维护而被丢弃。

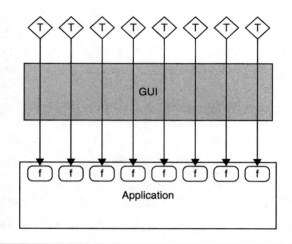

图10.1 测试通过用户界面驱动

为了避免这种情况，开发人员应该使用函数调用 API，将业务规则与用户界面隔离开来，如图 10.2 所示。使用这个 API 的测试完全独立于用户界面，并且不受界面变化的影响。

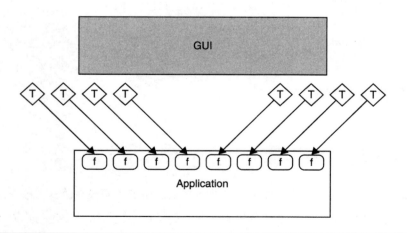

图10.2 通过API来测试，与用户界面无关

测试用户界面

通过函数调用 API 自动测试业务规则，用户界面行为所需的测试量会大大减少。应该考虑向用户界面提供预设值的占位代码来替换业务规则，以保持与业务规则的隔离，如图 10.3 所示。

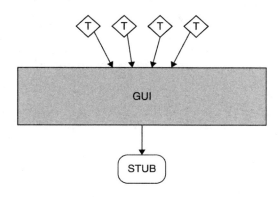

图10.3 占位代码向用户界面传递预设数据

这样做确保了用户界面的测试是快速和明确的。如果用户界面非常庞大和复杂，那么自动化的用户界面测试框架可能合适。使用业务规则占位代码，这些测试会更加可靠。

如果用户界面较小而简单，可能需要更快回到手工测试，特别是在需要评估其美观程度的时候。同样，使用业务规则占位代码，这些手工测试将更容易进行。

我希望每一个可以被自动化的测试都能被自动化，测试能快速执行，并且不脆弱。

第11章 勇气

作为 CTO，我有一些关于勇气的期望。

我们彼此补位

我们用"团队"一词来表述在同一项目中工作的一群开发人员。但我们是否了解团队的真正含义？

团队就是一群协作者。他们清楚自己的目标和彼此关系。当其中一位成员由于某种原因倒下时，他们仍然向着目标前进。例如，在船上，每位船员都有自己的工作要做。每位船员也都知道如何做别人的工作——原因显而易见。即便一位船员倒下，船仍然要继续航行。

我希望编程团队的成员能像船员那样互相补位。当有团队成员倒下时，我希望团队中的其他人能够接替他，直到倒下的团队成员重归岗位。

团队成员可能出于许多原因而倒下。可能生病，可能家里出了麻烦，可能去度假。项目工作不能停止，其他人必须填补空缺。

数据库人员鲍勃倒下了，其他人必须接过数据库的工作，继续取得进展。GUI 人员吉姆倒下了，其他人必须接过 GUI 工作，继续取得进展。

这意味着，团队的每位成员必须熟悉的不仅仅是自己的工作。他们必须熟悉其他人的工作，以便在其他人出问题时可以介入。

从相反的角度来看。你有责任确保有人能够补上你的位置。你有责任确保你不是团队中唯一不可或缺的成员。你有责任找人了解你的工作，以便他们能够在紧要关头接替你。

怎么才能教会别人干你的工作呢？最好的方法可能是和他们坐在电脑前，一起写一小时左右的代码。如果你够聪明，就会和团队中不止一位成员这么做。如果你倒下了，了解你工作的人越多，就有越多的人可以为你补位。

并且记住，一次不够。当项目中你所负责的部分在继续取得进展时，必须不断地让其他人了解你的工作。

第 11 章 勇气

你会发现协同编程的纪律在这方面很有帮助。

我希望编程小组的成员能够互相补位。

靠谱的预估

我希望得到靠谱的预估。

程序员能给出的最靠谱的预估是:"我不知道"。这是因为你确实不知道任务要花多长时间。另外,你确信你应该能在 10 亿年内完成这项任务。因此,这样一个"靠谱"的预估的确像是混合了你所知的和你所不知的东西。

靠谱的预估看起来像这样：

- 有 5% 的可能在周五前完成这项任务。
- 有 50% 的可能在下周五前完成这项任务。
- 有 95% 的可能在再往后一周的星期五完成这项任务。

像这样的预估提供了描述不确定性的概率分布。描述不确定性能令预估靠谱。

当经理要求你对大型项目进行评估时，你应该这样做。例如，他们可能想在授权之前判断项目成本。这时，坦承不确定性最有价值。

对于较小的任务，最好使用敏捷实践中的故事点（Story Point）技术。故事点够靠谱，因为其并不承诺时限。相反，其描述的是一项任务相对于另一项任务的成本差异。故事点可以是任意数字，但互相之间有关联。

故事点估算表达起来像这样：

> 储蓄（Deposit）故事值 5 个点。

那个 5 是什么？它是个任意点数，与已知规模的任务相关。例如，我们假设登录（Login）故事被硬性赋予 3 个点。当你评估储蓄故事时，你认为储蓄故事的难度到不了登录故事难度的两倍，所以你给它 5 个点。仅此而已。

故事点已经包含了概率分布。首先，这些点数不是日期或时间。它们只是点数。其次，这些点数不是承诺，而是猜测。在每轮敏捷迭代（通常一两个星期）结束时，我们用完成点数总和来估计下一轮迭代可能会完成多少个点。

我希望得到描述了不确定性的靠谱预估。我并不期望得到日期承诺。

你得说不

当答案是"不"时,我希望你能说"不"。

程序员能说的话里最重要一句就是:"不!"在适当时候,在适当环境下,这个答案可以为你的雇主节省大量金钱,并可以防止可怕的失败和尴尬。

这不是一个对所有事情都说"不"的许可。我们是工程师,我们的工作是找到一条通往"是"的道路。但有时"是"行不通。我们是唯一能够确定这一点的人。我们是知情者。因此,当答案确实是"不"时,我们就得说"不"。

比如,你的老板要求你在周五之前完成某件事。在充分考虑后,你意识到不太可能在周五前完成任务。你必须找老板说:"不行。"你也可以委婉地承诺,能在下周二之前完成,但你必须坚决拒绝周五完成。

经理们往往不喜欢听到"不"。他们可能会反击,他们可能会对抗,他们可能会对你大喊大叫。情绪化对抗是一些管理者会采用的工具。

你不能投降。如果答案是"不",那么必须坚持这个答案,不要屈服于压力。

要特别警惕"你至少试一试嘛?"的话术被要求尝试似乎很合理,不是吗?但这根本就不合理,因为你已经在尝试了。你没什么新办法可以把"不"变成"是"。所以,说你会去尝试只是一句谎言。

当答案是"不"时,我希望你能说"不"。

持续努力学习

软件业变化剧烈。我们可以讨论是否该这样,但我们不能讨论是不是这样。它已经这样了。因此,我们都必须持续不断地积极学习。

你今天使用的语言大概用不了五年。你今天使用的框架,明年大概就不会再用。了解周围正在发生的变化,为这些变化做好准备。

经常有人建议[1]程序员每年学习一门新语言。这是个好建议。此外,选一门你不熟悉风格的语言吧。如果你从来没有用动态类型语言写过代码,那就学一门动态类型语言。如果你从来没有用声明式语言写过代码,那就学一门声明式语言。如果你从来没有写过LISP,或者Prolog,或者Forth,那就去学吧。

该如何以及何时进行这种学习?如果雇主为你提供时间和空间来学习,那么尽可能地利用它。如果雇主不太愿意帮助你,你就必须自己花时间。要准备好每月花几小时来学习。确保预

---

1 David Thomas, Andrew Hunt, *The Pragmatic Programmer: From Journey to Mastery* (Addison-Wesley, 2020).

留了个人时间。

是的,我知道,你有家有口,有账单要付,有飞机要赶,而且你有自己的生活。好吧,但你也有一份职业,而职业需要照顾和维护。

我希望我们都能持续努力地学习。

教导

我们似乎永远需要更多程序员。全世界程序员数量正以惊人的速度增长。大学只能教那么一点儿东西,更不幸的是,许多大学根本没教什么东西。

因此,教导新程序员的工作就落在我们身上。我们这些已经工作了几年的程序员,必须挑起重担,教导那些刚开始工作的人。

也许你认为这很难。是难。但它有个巨大的好处。学习的最好方法是教学。没有其他东西可以与之相提并论。因此,如果你想学什么,就教别人学会它。

如果你已经做了 5 年、10 年或 15 年程序员,就有大量的经验和生活教训可以教给那些刚入行的程序员。把他们中的一两个人纳入麾下,指导他们度过最初 6 个月。

坐到他们的电脑前,帮助他们写代码。告诉他们你失败和成功的故事。教他们关于纪律、标准和职业操守的知识,教他们手艺。

我希望所有的程序员都能成为导师。我希望你能帮助他人学习。

第 III 部分　操守

第一个程序员

1935 年夏天，阿兰·图灵开始下笔写一篇论文，不算顺利地开启了软件这个行业。他的目标是解决困惑了数学家们十多年的数学难题——Entscheidungsproblem，即所谓的"可判定性问题"。

他成功解决了问题。但他没有想到，这篇论文会催生出遍及全球的产业。我们都将依赖这个产业。它构成了整个人类文明的生命之血。

许多人认为，拜伦勋爵的女儿勒夫蕾丝伯爵夫人艾达是第一位程序员，这是有道理的。她是我们所知道的首位理解了计算机所操作的数字可以代表非数字概念的人。这些数字是符号，而不仅是数字。而且，公平地说，艾达确实为查尔斯·巴贝奇的分析引擎写了一些算法；不幸的是，这种机器未能建造出来。

正是阿兰·图灵写出了第一批在电子计算机中执行的程序[1]。正是阿兰·图灵第一个定义了软件行业。

1945 年，图灵为自动计算引擎编写代码。代码是二进制机器语言，使用 base-32 字符表。像这样的代码以前从来没有人写过。因此，他不得不发明并实现了子程序、栈和浮点数等概念。

在花了几个月发明基础概念，并使用它们来解决数学问题之后，他写了一份报告，陈述以下结论。

> 我们将需要大量数学专才，因为可能会有许多这类工作要做。

"大量。"他是怎么知道的？实际上，他想不到这句话是多么有先见之明。如今果然有了大量程序员。

但他提到的另一点是什么？数学专才。你认为自己是数学专才吗？

在同一篇报告中，他写道：

---

[1] 有些人指出，在图灵为 ACE 编程之前，康拉德·祖思（Konrad Zuse）就已经为他的机电计算机编写了算法。

维护一套适当的纪律，不让工作失控，这将是困难所在。

"纪律！"他怎么会知道？他怎么能提前 70 年知道问题将出在纪律上？

70 年前，阿兰·图灵埋下软件专业主义的第一块基石。他说，我们应当是遵守纪律的数学专才。

我们是那样的人吗？你是那样的人吗？

75 年

人的一生。在写作这本书时，软件行业正是这个年龄。只有 75 年。在这七十来年中发生了什么？来细细回顾一下我在第 1 章"匠艺"中谈到的历史吧。

1945 年，世界上只有一台计算机和一名程序员。阿兰·图灵。计算机和程序员的数量在最初那些年里迅速增长。且将这当作起源好了。

    1945. Computers: O(1). Programmers ： O(1).

在随后的十年中，真空管的可靠性、一致性和功率得到了极大改善。这使得制造更大型和更强大的计算机成为可能。

到 1960 年，IBM 已售出 140 台 700 系列计算机。这些巨型、昂贵的庞然大物，只有军队、政府和非常大的公司才买得起。这种机器运行速度缓慢，资源有限，而且脆弱。

正是在这一时期，格雷斯·霍珀（Grace Hopper）发明了高级语言的概念，并创造了"编译器"（complier）一词。1960 年，她发明了 COBOL 语言。

1952 年，约翰·巴克斯（John Backus）提交了 FORTRAN 规范。ALGOL 很快随之出现。1958 年，约翰·麦卡锡（John McCarthy）开发了 LISP。语言动物园的规模开始激增。

在那些日子里，没有操作系统，没有框架，没有子程序库。如果有东西在你的电脑上执行，那是因为你写了它。因此，在那些日子里，光是维持一台电脑运行就起码需要十几名程序员。

因此，到 1960 年，即图灵之后的 15 年，世界上有 O(100) 台计算机。程序员的数量还要大一个数量级：O(1000)。

那些程序员是谁？他们是像格雷斯·霍珀、艾兹赫尔·狄克斯特拉、约翰·冯·诺伊曼（John Von Neumann）、约翰·巴克斯和让·詹宁斯（Jean Jennings）这样的人。这些人是科学家、数学家和工程师。大多数人已经有了自己的职业，并且已熟知自己服务的企业与从事的工作。许多人，也许大多数人，都是 30 多岁、40 多岁和 50 多岁。

20 世纪 60 年代是晶体管的十年。这些小型、简单、廉价和可靠的设备一点点取代了真空管。它对计算机的影响改变了游戏规则。

到 1965 年，IBM 已经生产了超过 10,000 台基于 1401 晶体管的计算机。这种机器的月租金约为 2500 美元，它们成为数千家中型企业可以触及的东西。

这些机器用 Assembler、Fortran、COBOL 和 RPG 编程。所有租用这些机器的公司都需要程序员来编写应用程序。

IBM 并不是当时唯一一家生产计算机的公司。所以可以说，到 1965 年，世界上有 O(10,000) 台计算机。如果每台计算机需要 10 名程序员来维持运行，那么肯定有 O(100,000) 名程序员。

图灵之后 20 年，世界上肯定有几十万名程序员。这些程序员是从哪里来的？没有足够的数学家、科学家和工程师来满足这个需求。也没有计算机科学专业的大学毕业生，因为当时没有大学开设计算机科学学位课程。

因此，企业抽调了最优秀和最聪明的会计、文员、规划人员等来做程序员。有点儿技术能力就行。他们找到了很多这样的人。

而且，这些人在其他领域已经是专业人士，年约三四十岁。这些人懂得最后期限和承诺，知道什么该留，什么不该留。[1] 而且，尽管这些人本身不是数学家，但也是守纪律的专业人士。

---

1 向鲍勃·赛格（Bob Seger）致歉。

图灵大概会赞成用他们。

但是曲柄一直在转动。到 1966 年，IBM 每月生产 1000 台 360。这些计算机出现在各处。它们在当时非常强大。30 型计算机可以处理 64KB 的内存，每秒执行 35,000 条指令。

正是在这一时期，在 20 世纪 60 年代中期，奥利·约翰·达尔（Ole Johann Dahl）和克利斯登·奈加德（Kristen Nygaard）发明了第一种面向对象的语言，Simula-67。

正是在这一时期，艾兹赫尔·狄克斯特拉发明了结构化编程。

也正是在这一时期，肯·汤普森和丹尼斯·里奇发明了 C 和 UNIX。

而曲柄仍在转动。在 20 世纪 70 年代早期，集成电路开始被广泛使用。这些小芯片可以容纳几十个、几百个，甚至几千个晶体管。它们使电子电路得以极大地小型化。

就这样，小型计算机诞生了。

在 20 世纪 60 年代末到 70 年代，DEC 销售了 50,000 套 PDP-8 系统，以及数十万套 PDP-11 系统。

而且 DEC 并不孤单！小型计算机市场呈爆炸性增长。到 20 世纪 70 年代中期，有几十家公司在销售小型计算机。所以，到了 1975 年，也就是图灵之后 30 年，世界上有了约一百万台计算机。而当时有多少名程序员呢？比例开始变化。计算机的数量接近于程序员的数量。所以到 1975 年，有 $O(1E6)$ 名程序员。

这些数以百万计的程序员是从哪里来的？是些什么人？

是我。我，还有我的伙伴们。我和我那伙年轻、充满活力、怪胎般的男孩们。

那是数以万计的 EE（Electronic Engineering，电子工程）和 CS（Computer Science，计算机科学）专业毕业生——我们都年轻。我们都聪明。我们，在美国，都担心被征兵。而且，我们几乎都是男性。

哦，这并不是说女性正在远离这个领域——还没有。这要到 20 世纪 80 年代中期才发生。不，只是有更多的男孩（我们是男孩）进入这个领域。

1969 年，在我作为程序员的第一份工作中，有几十名程序员。他们都年约三四十岁，其中三分之一到一半是女性。

十年后，我上班的公司里有大约 50 名程序员，其中大概只有 3 名女性。

因此，在图灵后 30 年，编程领域人口已经急剧转向非常年轻的男性。数以十万计的二十多岁男性。我们通常不是图灵所说的守纪律的数学家。

但企业必须要有程序员。需求"爆棚"。太年轻的人纪律不足，精力来补。

而且我们也便宜。尽管今天程序员的起薪很高，但在那时，公司可以用相当低廉的价格招聘程序员。我在 1969 年的起薪是 7,200 美元/年。

而这也是此后的趋势。每年都有男青年从计算机科学专业毕业；而业界似乎对他们有着永不满足的渴望。

在 1945 年至 1975 年的 30 年里，程序员的数量至少增长了 100 万倍。在此后的 40 年里，增长速度稍有放缓，但仍然非常高。

你认为 2020 年世界上有多少名程序员？如果计入 VBA[1] 程序员的话，我想今天世界上肯定有数以亿计的程序员。

这显然是指数式增长。指数增长曲线以翻倍速率增长。你可以算算看。嘿，阿尔伯特，如果我们在 75 年内从 1 增长到 1 亿，翻倍速率是多少？

以 2 为底数，1 亿的对数是 27。除以 75，得数大约是 2.8。所以程序员的数量大约每两年半翻一番。

---

1 全称为 Visual Basic for Applications.

实际上，如我们之前谈到的，最初几十年里速度比较快，现在已经有点放缓了。我猜大约 5 年翻一番。每 5 年，世界上的程序员数量就会翻一番。

这一事实的影响是惊人的。如果世界上的程序员人数每 5 年翻一番，就意味着世界上有一半的程序员拥有不到 5 年的经验；而且只要这种翻倍的速度继续下去，这将永远是事实。这使得编程行业处于不稳定的状态——永远缺乏经验。

书呆子与救世主

永远缺乏经验。哦，别担心，这并不意味着你永远没经验。只是一旦你获得了 5 年经验，程序员的数量就会翻倍。当你获得 10 年经验时，程序员的数量将翻两番。

人们看着从事编程的年轻人的数量，得出结论：这是属于年轻人的职业。他们问："老人去哪儿了？"

我们都还在！我们哪儿也没去。只是从一开始我们就没那么多人。

问题是，没有足够的老家伙来教新来的程序员。对于每名拥有 30 年经验的程序员来说，有 63 名程序员等着从她（或他）那里学东西；其中 32 名完全是新手。

因此，经验永远缺乏，没有足够的导师来纠正这个问题。同样的错误一次又一次地被重复。

但在过去的 70 年里，还发生了一些别的事情。程序员获得了一些我相信阿兰·图灵从未预料到的东西：名声。

在 20 世纪 50 年代和 60 年代，没有人知道程序员是干什么的。他们的数量不足以带来社会影响。很多人的隔壁并没有住着程序员。

这种情况在 20 世纪 70 年代开始发生改变。那时，父亲们建议儿子（有时是女儿）拿计算机科学学位。世界上有足够多的程序员，以至于每个人都认识某个认识程序员的人。于是书呆子和吃小饼干的极客形象就诞生了。

很少有人见过计算机，但几乎每个人都听说过。计算机出现在《星际迷航》(*Star Trek*)等电视节目和《2001：太空奥德赛》(*2001: A Space Odyssey*)、《巨人：福宾计划》(*Colossus: The Forbin Project*)等电影中。在这些节目里，计算机经常被当作反派来演绎。但在罗伯特·海因莱因（Robert Heinlein）1966年出版的书[1]中，计算机却是自我牺牲的英雄。

然而，请注意，在这些作品中，程序员都不是重要角色。当时社会上不知道该如何看待程序员。他们藏在阴影里，与机器本身相比，多少有些无足轻重。

我对那个时代的一则电视广告有着美好的记忆。妻子和她的丈夫，一个戴着眼镜、带着护兜、拿着计算器的小个儿书呆子，正在杂货店里比较商品价格。奥尔森夫人（Mrs. Olsen）[2]说他是个"计算机天才"，并继续向妻子和丈夫吹嘘某品牌咖啡的妙处。

广告中的计算机程序员天真、书生气、无足轻重。那种人很聪明，但情商欠奉。你不会邀请他参加聚会。的确，计算机程序员被看作那种在学校经常挨打的人。

到1983年，个人计算机开始出现。很明显，青少年出于各种原因对它产生兴趣。这时，有相当多的人至少认识一名计算机程序员。我们被认为是专业人士，但仍然很神秘。

那一年，电影《战争游戏》(*War Games*)塑造了年轻的马修·布罗德里克（Mathew Broderick）角色。作为精通电脑的少年和黑客，他攻入美国的武器控制系统，以为那是个电子游戏，开启了热核战争倒计时。在电影的结尾，他说服计算机，使其相信唯一的取胜之道就是不玩游戏，从而拯救了世界。

计算机和程序员已经互换了角色。现在，计算机成了孩子般的天真角色，而程序员如果不是智慧来源的话，也是智慧的通道。

我们在1986年的电影《短路》(*Short Circuit*)中看到了类似的情形。影片中，被称为Number 5的电脑机器人像孩子一样天真无邪，但在其创造者/程序员及其女友的帮助下，习得了智慧。

1　Robert Heinlein, *The Moon Is a Harsh Mistress* (Ace, 1966).

2　奥尔森夫人是Folger's咖啡系列广告片中的角色，由Virginia Christine扮演。——译者注到 1993 年，事情发生了巨大变化。在电影《侏罗纪公园》（*Jurassic Park*）中，程序员是反派，而计算机根本不是一个角色。它只是个工具。

社会开始了解我们是谁，以及我们扮演的角色。我们的形象在短短 20 年内持续变化，从书呆子到老师，再到恶棍。

但情形又发生了变化。在 1999 年的电影《黑客帝国》（*The Matrix*）中，主要人物既是程序员又是救世主。事实上，他们的神力来自阅读和理解"代码"的能力。

我们的角色正在迅速改变。在短短几年内，恶棍变成了救星。整个社会开始理解我们拥有的力量，无论这力量是善还是恶。

榜样和恶棍

15 年后的 2014 年，我访问了位于斯德哥尔摩的 Mojang 公司，做了几场关于整洁代码和 TDD 的讲座。Mojang 是《我的世界》（*Minecraft*）游戏的制作公司。

之后，看天气不错，我和 Mojang 的程序员们就坐到露天啤酒花园里聊天。突然，有个大约 12 岁的小男孩跑到围栏前，向其中一名程序员喊道："你是杰布（Jeb）吗？"

他叫的是延斯·伯根斯坦（Jens Bergensten），Mojang 的主管程序员之一。

小男孩向延斯要签名，问问题。他眼里没有其他人。

而我，就只能被冷落在一旁……

总之，重点是，程序员们已经成为孩子们的榜样和偶像。他们梦想着长大后能成为杰布、"餐骨"（Dinnerbone）[1]或诺奇（Notch）[2]那样的人。

---

1 即 Nathan Adams，Mojang 技术总监之一。——译者注

2 即 Markus Alexej Persson，Mojang 创始人之一，也是 *Minecraft* 的创造者。Jeb、Dinnerbone 和 Notch 是网名。——译者注

程序员，现实生活中的程序员，都是英雄。

但是，在有真英雄的地方，也有真恶棍。

2015 年 10 月，大众汽车北美公司首席执行官迈克尔·霍恩（Michael Horn）在美国国会作证，承认大众汽车搭载的软件欺骗了环境保护局（Environmental Protection Agency，EPA）的测试设备。当被问及公司为何这样做时，他指责程序员，说："这是几个软件工程师不知出于什么原因放进去的。"

当然，关于"不知什么原因"，他在撒谎。他知道原因。整个大众汽车公司也知道。他想把责任推给程序员，这种伎俩一眼就能看穿。

另外，他完全正确。确实是程序员写了那些撒谎、作弊的代码。

就是那些程序员。那个谁、谁和谁，给我们所有人带来坏名声。如果有真正的专业组织在管理的话，他们的程序员身份会被撤销，而且应该被撤销。他们背叛了所有程序员。他们玷污了程序员的职业荣誉。

我们毕业了。花了 75 年时间。在这段时间里，我们的形象一直在变化，从无名之辈到书呆子，再到榜样和恶棍。

社会已经开始——刚刚开始——了解我们是谁，以及我们代表的威胁和承诺。

我们统治世界

但社会还没了解一切。事实上，我们也不了解。你看，你和我，我们是程序员，而且我们统治着世界。

这可能看起来是个夸张的说法。但仔细想想。如今，世界上的计算机比人多。这些数量超过人类的计算机，为我们执行数不清的基本任务。它们记录提醒事项，管理日程表，传递 Facebook 信息，保存我们的相册。它们连接电话，传递短信。它们控制着汽车中的发动机、刹车和加速踏板，有时甚至控制着方向盘。

没有它们，我们做不了饭。没有它们，我们洗不了衣服。它们让房屋在冬天保持温暖。当我们感到无聊时，它们给我们带来快乐。它们跟踪着我们的银行记录和信用卡。它们帮助我们支付账单。

事实上，现代世界的大多数人在每天醒着的时候都会与一些软件系统持续互动。有些人甚至在睡觉时也在继续互动。

重点是，在我们的社会中，没有软件就什么都做不了。产品不能被购买或出售。法律不能被颁布或执行。汽车无法行驶。亚马逊发送不了商品。电话打不通。插座里没电。食物送不到商店。水龙头不会出水，燃气也不会输送到炉子里。没有软件的监控和协调，这些都不会发生。

而我们写了软件。这使我们成为世界的统治者。

哦，其他人认为他们制定了规则——但后来他们把这些规则交给了我们，而我们编写的规则在全面监控和协调我们生活的机器中执行。

社会还不太明白这一点。不太明白。还没到时候。但这一天很快就会到来，我们的社会将完全明白。

我们这些程序员也还不太明白。尚未明白。但是，同样，这一天终会到来，它将被野蛮地驱赶到我们面前。

灾难

多年来，我们已经看到了大量的软件灾难。其中一些相当壮观。

例如，2016 年，我们失去了夏帕雷利（Schiaparelli）火星着陆器和漫游车。因为一个软件问题，导致着陆器认为它已经着陆，而实际上它离地表还有将近 4 千米。

1999 年，我们失去了火星气候探测者号卫星（Mars Climate Orbiter），原因是地面软件出错，在向探测者号传输数据时，使用了英制单位（磅-秒）而不是公制单位（牛顿-秒）。这个错误导致探测者号在火星大气层中下降太深，它在那里被撕成了碎片。

1996 年，阿丽亚娜 5 号（Ariane 5）运载火箭和所载货物在发射后 37 秒被摧毁，原因是一个 64 位浮点数未经检查地转换到 16 位整数时发生了整数溢出异常。该异常使机载计算机崩溃，运载火箭自毁。

我们是否应该谈谈 Therac-25 放射治疗机？由于进程冲突，Therac-25 用高能电子束烧死 3 人，烧伤了另外 3 人。

或者我们应该谈谈骑士资本集团。因为用错标识符，遗留在系统中的死代码被激活，它们在 45 分钟内损失了 4.6 亿美元。

或者我们应该谈谈丰田汽车的堆栈溢出漏洞，它可能导致汽车加速失控——导致可能多达 89 人遇难。

或者我们应该谈谈 HealthCare.gov 网站。软件故障差点推翻了一个有争议的美国新医疗保健法案。

这些灾难已经消耗数十亿美元和许多人的生命。它们都是由程序员造成的。

我们这些程序员，通过我们编写的代码，正在杀人。

我知道你不是为了杀人而进入这个行业的。你成为程序员，可能只是因为写了一个打印自己名字的无限循环。你体验了那种令人愉悦的权力感。

但事实就是事实。我们在社会中的地位令我们的行为可以摧毁财富、生计和生命。

有一天，可能不久之后，某些可怜的程序员将会做一些无伤大雅的蠢事，导致成千上万的人死去。

这不是胡乱猜测——只是时间问题。

当这种情况发生时，政治家们会要求有人负责。他们会要求我们说清楚如何防止这种错误再次发生。

那时，如果我们拿不出职业操守声明，如果我们拿不出任何标准或明确的纪律，如果我们只是抱怨老板设置了不合理的时间表和最后期限。那么我们将被判**有罪**。

誓言

我提出以下誓言，以此开始讨论我们这些软件开发人员的职业操守。

> 为捍卫和维护计算机程序员职业的荣誉，我承诺，尽我的能力和判断力：
>
> 1. 我不写有害的代码。
> 2. 我生产的代码将永远是我最好的作品。我不会故意让那些在行为或结构上有缺陷的代码累积起来。
> 3. 我将在每次发布时提供快速、确定和可重复的证据，证明代码的每个元素都能正常工作。
> 4. 我将经常进行小规模的发布，不妨碍其他人的进展。
> 5. 我将无畏地、毫不留情地利用一切机会改进我的创作。我绝不让它变更差。
> 6. 我将尽我所能尽可能地提高自己和他人的生产力。我不会做任何降低生产力的事。
> 7. 我将一直确保其他人能够补上我的位置，我也能够为其他人补位。
> 8. 我将给出在数量级和精准度上都靠谱的预估。我不会做出没有把握的承诺。
> 9. 如果我的程序员同事拥有足够的操守、标准、纪律和技能，就能赢得我的尊重。任何其他的属性或特征都不会成为我尊重程序员同事的因素。
> 10. 我永远不会停止学习和改进我的技艺。

第12章 伤害

在上述誓言中，有几条是关于伤害的。

首先，不造成伤害

第一誓　我不写有害的代码。

软件专业人员的首要承诺是：不造成伤害！这意味着你的代码不能伤害你的用户、你的员工、你的经理，也不能伤害你的程序员同事。

你必须知道你的代码是做什么的。你必须知道它能工作。而且你必须知道它是整洁的。

不久前，人们发现大众汽车公司的程序员写了一些代码，故意阻挠 EPA 排放测试。这些程序员写了有害的代码。代码是有害的，因为它们具有欺骗性。代码愚弄了环保局，使其允许出售的汽车排放的有害氮氧化物 20 倍于 EPA 认定的安全量。因此，该代码潜在地损害了生活在这些汽车驾驶地的所有人的健康。

该拿那些程序员怎么办？他们知道这些代码的目的吗？他们应该知道吗？

要我说，就该解雇并且起诉他们。因为，无论他们是否知道，他们都应该知道。躲在别人写的需求后面不是理由。你的手指敲了键盘，这是你的代码。你必须知道它是做什么的。

这是个难题，不是吗？我们编写的代码驱动机器工作，而这些机器往往处于会造成巨大伤害的位置。既然我们要对我们的代码造成的任何伤害负责，我们就必须有责任了解我们的代码会做什么。

每名程序员都应该根据他们的经验和责任水平来承担责任。随着经验增长和职位提升，你对你的行为和你下属的行为的责任也会增加。

显然，我们不能让初级程序员和团队领导负同样的责任。我们不能让团队领导和资深开发人员负同样的责任。但是，资深人士应该以非常高的标准来要求自己，并最终对他们所领导的人负责。

这并不意味着一切都归咎于资深开发人员或经理。每名程序员都有责任在自己的成熟度和理解程度基础上知道代码做了什么。每名程序员都要对自己的代码所造成的危害负责。

对社会无害

首先,你不可对你所处的社会造成伤害。

这就是大众汽车公司的程序员所违反的规则。他们的软件可能使雇主——大众汽车公司受益。然而,它危害了整个社会。而我们,程序员,决不能这样做。

但你怎么知道自己是否在危害社会呢?例如,开发控制武器系统的软件对社会有害吗?赌博软件呢?有暴力或性别歧视的视频游戏呢?色情制品呢?

如果你的软件在法律允许范围内,它可能仍然对社会有害吗?

坦率地说,这需要你自己判断。你只需要做出你能做出的最好的决定。良知即指南。

另一个对社会造成危害的例子是 HealthCare.gov 上线失败。尽管在这个案例中,危害是在无意中造成的。2010 年,美国国会通过《平价医疗法案》(The Affordable Care Act),并在总统签署之后成为法律。法案条款要求在 2013 年 10 月 1 日上线一个网站。

用法律规定一个全新的大型软件系统必须在某一日期启动,简直是发疯。真正的问题是,在 2013 年 10 月 1 日,他们真的启动了它。

你觉得,也许,那天会有些程序员躲到了办公桌下吗?

噢,我觉得他们启动了系统。

嗯,嗯,他们真不该那么干。

噢,我可怜的妈妈。她该怎么办?

这是一个因技术失误导致大规模新公共政策面临风险的案例。由于这些失误,该法律几乎被推翻了。不管你如何看待这种情况的政治意义,这都是对社会的危害。

谁该对这种危害负责？每名程序员、团队领导、经理和主管都该负责。他们知道那个系统还没有准备好，但仍然保持沉默。

对其管理层保持消极攻击态度的软件开发人员造成了这种对社会的危害。每个人都说："我只是在做我的工作，这是他们的问题"。每一个知道有问题却没有采取任何措施来阻止该系统部署的软件开发者都要承担一部分责任。

道理是这样的：你被聘为程序员的主要理由之一是，你知道事情在什么时候会出错。你有能力在麻烦发生之前找到它。因此，你有责任在可怕的事情发生之前大声说出来。

对功能的损害

你必须知道你的代码能工作。你必须知道，代码的运作不会对公司、用户或程序员同事造成伤害。

2012 年 8 月 1 日，骑士资本集团的一些技术人员在服务器上加载了新软件。不幸的是，他们只装了 8 台服务器中的 7 台，留下第 8 台运行旧版本软件。

他们为什么会犯这个错误，谁也说不准。有人马虎了。

骑士资本经营一个交易系统。他们在纽约证券交易所进行股票交易。操作的一部分是把大的"母"交易分解成许多小的"子"交易，以防止其他交易者看到母交易的最初规模并据此调整价格。

八年前，这套 Power-Peg 母子算法的简单版本被禁用，并被更好的版本 SMARS（Smart Market Access Routing System）所取代。然而，奇怪的是，旧 Power-Peg 代码并没有从系统中删除。只是打上了停用标识。

该标识被用来规范母-子交易过程。当该标识打开时，就会进行子交易。当有足够的子交易满足母交易金额时，该标识被关闭。

他们敷衍了事，通过关闭这个标识来禁用 Power-Peg 代码。

第 12 章 伤害

不幸的是，更新到 7 台服务器的新软件重新定义了这个标识。新版本软件打开了标识。第 8 台服务器开始在高速无限循环中进行子交易。

程序员知道出了问题；但他们不知道问题到底出在哪里。他们花了 45 分钟的时间才关闭了那个出错的服务器。在这 45 分钟里，它一直在无限循环进行不良交易。

后果是，在最初的 45 分钟时间里，骑士资本买入了本不想要的价值超过 70 亿美元的股票，并且不得不将其卖出，损失高达 4.6 亿美元。更糟的是，该公司只有 3.6 亿美元现金。骑士资本破产了。

45 分钟。一个愚蠢的错误。4.6 亿美元。

那是什么错误呢？错误在于程序员不知道他们的系统会做什么。

说到这里，你可能会担心我要求程序员对其代码的行为有完整的了解。当然，完整知识不可能得到，总会有某种知识的缺失。

问题不在于知识完足。相反，问题是要知道不会有害。

骑士资本那些可怜家伙的无知极度有害——事关重大，他们不应该允许这种知识缺陷存在。

另一个例子是丰田，以及该公司那套使汽车不受控制地加速的软件系统。

多达 89 人因该软件而死亡。还有更多的人受伤。

想象一下，你正在拥挤的市中心商业区开车。想象一下，你的车突然开始加速，刹车失灵。几秒钟内，你以火箭般的速度穿过红绿灯和人行横道，没办法停下来。

这就是调查人员发现丰田软件可能会做的事——而且很可能已经做了。

那套软件在杀人。

写那段代码的程序员并不知道他们的代码不会杀人——注意这个双重否定。他们不知道他们的代码不会杀人。而他们应该知道。他们应该知道，他们的代码不会杀人。

再说一遍，这都与风险有关。当风险很高时，应当让你的知识尽可能地接近完整。如果生命受到威胁，你必须知道你的代码不会杀死任何人。如果他人的财富是赌注，你必须知道你的代码不会令它们丢失。

另外，如果你正在编写聊天应用程序，或简单的购物网站，财富和生命就不会受到威胁。

真的不受威胁吗？

如果有人在使用你的聊天应用程序时遇到医疗紧急情况，输入"救命。拨打911"会如何？如果你的应用程序出现故障，丢失了那条信息怎么办？

如果你的网站将个人信息泄露给黑客，而黑客利用这些信息窃取他人身份，怎么办？

如果你的代码功能欠佳，导致客户放弃与你的雇主做生意，转向竞争对手呢？

问题是，我们很容易低估软件可能造成的伤害，以为你的软件不够重要，不会伤害任何人。这种思想颇具安慰效果。但你忘了，编写软件非常昂贵；至少花在开发软件上的钱是有风险的；更不用说用户因依赖它而产生的风险了。

事实是，几乎总是有比你想象得更多的风险。

对结构无害

不应危害代码结构。应该保持代码整洁，保持代码结构良好。

问问你自己，骑士资本的程序员为什么不知道他们的代码有害。

答案显而易见。他们忘了，Power-Peg 软件仍然保留在系统中。他们忘了，重新定义标识功能会激活这套软件。他们错以为所有服务器都运行着同一套软件。

他们不知道，遗留下的死代码损坏了系统结构，有可能出现有害行为。这也是为何代码结构和整洁性如此重要的原因之一。结构越凌乱，就越难了解代码功用。越混乱，就越不确定。

以丰田为例。程序员们为何不知道自己的软件会杀人？你是否认为，系统中有上万个全局变量，也许是影响因素之一？

在软件中制造混乱，降低了你了解软件会做什么的能力，以及规避危害的能力。

混乱的软件就是有害的软件。

你们中的一些人可能会反对说，快速和肮脏的补丁对于修复讨厌的产品错误有时是必要的。

当然了，当然了。如果你能用快速和肮脏的补丁来解决生产危机，那么你就该这样做。没有问题。

蠢主意如果有用，就不是蠢主意。

然而，你不可能让那个快速而肮脏的补丁留在原地而不造成危害。补丁在代码中停留的时间越长，危害就越大。

请记住，如果从代码库中删除了旧 Power-Peg 代码，骑士资本的灾难就不会发生。正是那段已经失效的旧代码制造了不良交易。

我们所说的"对结构的伤害"是什么意思呢？显然，成千上万的全局变量是一种结构性缺陷。留在代码库中的死代码也是如此。

结构性伤害是对源代码的组织和内容的伤害。只要使源代码难以阅读、难以理解、难以修改或难以重用，就是结构性伤害。

了解良好的软件结构纪律和标准是每个专业软件开发人员的责任。他们应该知道如何重构，如何编写测试，如何识别坏代码，如何解耦设计和创建适当的架构边界。他们应该知道并应用低层级和高层级设计的原则。每个高级开发人员都有责任确保年轻的开发人员学习这些东西，并在他们编写的代码中满足这些要求。

柔软

Software 中的第一个词是 soft。软件应该柔软。它应该容易改动。如果我们不希望它容易改动，我们就会叫它 hardware（硬件）。

重要的是，要记住软件存在的原因。我们发明软件的目的是为了使机器的行为易于改动。如果我们的软件难以改动，我们就破坏了软件存在的根本原因。

记住，软件有两个价值。一个是行为的价值，另一个是"柔软性"的价值。客户和用户希望我们能够很容易地改变这种行为，而且不需要高成本。

这两个价值哪个更大？我们应该优先考虑哪个价值？可以通过一个简单的思想实验来回答这个问题。

想象一下，有两个软件。一个工作完美但不可修改。另一个不能正确地做任何事情但很容易修改。哪个更有价值？

我不想做那个告诉你这事儿的人，不过既然你也许还没注意到，就说一下好了。软件需求往往会变化，而当它们变化时，前一个软件将变得毫无用处——永远如此。

另外，第二个软件可以适应变化，因为它很容易修改。最初可能需要一些时间和金钱来让它工作；但在那之后，只需稍做投入，它就将永远继续工作。

因此，在所有情况下，除最紧急的情况外，应该优先选用第二个软件。

我说的紧急情况是指什么情况呢？我指的是令公司每分钟损失 1000 万美元的生产灾难。这才是紧急情况。

我不是指软件创业公司。创业公司并不面临那种需要你创造不灵活软件的紧急状况。事实恰恰相反。在初创企业中，有一件事是绝对肯定的，那就是你正在创造错误的产品。

没有任何产品能在与用户的接触中幸存下来。一旦你开始把产品交到用户手中，你就会发现它错误百出。而如果你不能在不制造混乱的情况下修改它，你就注定要失败。

事实上，这是软件初创企业的最大问题之一。企业家认为自己处于紧急状态，需要抛开所有的规则，冲向终点，在身后留下一个巨大的烂摊子。在大多数情况下，在进行第一次部署之前，这个巨大的烂摊子就已经开始拖累他们了。如果他们保持软件的结构不受伤害，他们会走得更快、更好，并且生存得更久。

当事关软件时，急于求成是没用的。

——布莱恩·马里克（Brian Marick）

测试

测试排第一。先写测试，先清理测试。你会知道每一行代码都在工作，因为你已经写好了测试，证明它们在工作。

没有能证明代码在工作的测试，怎么防止对代码行为的伤害？

没有允许你清理代码的测试，怎么防止对代码结构的伤害？

不遵循 TDD 三法则，怎么保证测试集是完整的呢？

TDD 真的是保持专业的先决条件吗？我真的是在主张，除非实践 TDD，否则就不能成为专业软件开发人员吗？

是的，我想这是真的。或者说，它正在成为事实。对我们中的一些人来说，这是真的；而且随着时间的推移，对我们中越来越多的人来说，这也是真的。我认为那一时刻终将到来，而且会很快到来。大多数程序员会同意，实践 TDD 是专业开发者需要遵守的最低限度纪律和行为的一部分。

我凭什么这样认为？

因为，正如我之前所说，我们统治着这个世界！我们编写的规则使整个世界运转。我们编写了使整个世界运转的规则。

在我们的社会中，没有软件就没法做买卖。几乎所有的通信都通过软件进行。几乎所有的文件都是用软件写的。没有软件，法律就不会被通过，也不会被执行。日常生活中几乎没有任何活动不涉及软件。

没有软件，我们的社会就无法运转。软件已经成为我们文明的基础设施中最重要的组成部分。

社会还不了解这一点。我们程序员也还没有真正了解。但我们正在意识到，我们编写的软件至关重要。人们逐渐意识到，有太多的生命和财富依赖于我们的软件。而且——人们逐渐意识到，软件是由那些不自觉遵守最低限度纪律的人编写的。

所以，是的，我认为 TDD 或一些非常类似的纪律最终会被认为是专业软件开发人员的最低标准行为。我认为我们的客户和我们的用户会坚持要求这样。

最好的作品

> 第二誓 我生产的代码将永远是我最好的作品。我不会故意让那些在行为或结构上有缺陷的代码累积起来。

肯特·贝克曾经说过："先让它工作，再使其正确。"

让程序工作只是第一步，也是最简单的一步。第二步，也是更难的一步，是清理代码。

不幸的是，有太多的程序员认为，他们一旦让程序工作，就完事儿了。一旦它能工作，他们就会转到下一个程序，然后是下一个，再下一个。

在他们身后，留下了一段纠结、不可读、拖慢整个开发团队速度的代码历史。他们这样做是因为他们认为自己的价值在于速度。他们知道自己领高薪，因此他们觉得自己必须在短时间内提供大量功能。

但是软件很难，需要花费很多时间，所以他们觉得自己走得太慢。他们觉得自己失败了。失败的感觉让他们产生了一种压力，使他们试图走得更快，导致他们急于求成。因此，他们急于让项目运作起来,然后宣布自己已经完成——因为,在他们看来,这已经花了太长时间。项目经理不断跳脚也无济于事,但这并不是真正的驱动力。

我教很多课程。在部分课程中,我让程序员们做小项目。我的目标是给他们一种编码体验,让他们尝试新技术和新纪律。我并不关心他们是否真的完成了这个项目。

实际上,所有的代码都将被扔掉。

但我仍然看到学员们紧赶慢赶。有些人在课程结束后还在那里待着,努力让一些完全没有意义的东西能工作。

因此,老板的压力无关紧要。真正的压力来自我们的内心。我们认为,开发速度关系到自我价值。

使其正确

正如我们在本章前面看到的,软件有两个价值。一是它的行为价值,二是它的结构价值。我还提出,结构价值比行为价值更重要。这是因为,为了提供长期价值,软件系统必须能够响应需求变化。

软件结构如果难以改变,也就很难跟得上需求变化。结构不好的软件很快就会被淘汰。

因此,为了跟上需求变化,软件结构必须足够整洁,允许甚至鼓励变化。容易修改的软件可以跟上不断变化的需求,以最小投入保持价值。但是,如果软件系统难以改变,当需求发生变化时,让系统能继续工作就会是降魔级难度的事。

什么时候需求最有可能变更?在项目开始阶段,就在用户看到最初的几个功能完成之后,需求最不稳定。这是因为他们第一次看到了系统的实际功能,而不是他们以为的功能。

所以,如果要快速进行早期开发,系统结构在一开始就必须整洁。如果你下手就弄得一团糟,那么即使是最初的发布也会被这种混乱拖慢。

好结构能使人有好行为,坏结构会阻碍好行为。结构越好,行为就越好。结构越差,行为就越差。行为的价值在很大程度上取决于结构。因此，结构的价值是两个价值中最关键的一个。这意味着专业开发人员对代码结构的重视程度要高于对行为的重视程度。

是的，首先你让它工作；但随后你要非常确定继续使它正确。在项目的整个生命周期中，要尽可能地保持系统结构的整洁。由头至尾，它必须一直整洁。

什么是好结构

有了好结构，系统就容易测试，容易修改，容易重用。对一部分代码的修改不会破坏代码的其他部分。对一个模块的改变不会导致大规模重新编译和重新部署。高层级策略与低层级细节分开，并保持独立。

糟糕的结构会让系统变得僵化、脆弱和不可移动。这是典型的设计异味。

当相对小的系统修改导致系统的大部分重新编译、重新构建和重新部署时，就是僵化。当整合修改的投入远远大于对修改本身的投入时，系统就是僵化的。

脆弱是指系统行为的微小变动导致大量模块发生许多相应变动。这就产生了很高的风险，即行为上的小变动会破坏系统的其他行为。而当这种情况发生时，经理和客户就会认为你已经失去了对软件的控制，不知道自己在做什么。

所谓不可移动，是指某个模块包含了在另一个系统中想要的行为，但该模块与当前系统纠缠在一起，无法将其抽离出来并用于新系统。

这些都是结构问题，不是行为问题。系统也许能通过所有测试，满足所有功能要求。然而，这样的系统可能接近于毫无价值，因为它实在难以操作。

具有讽刺意味的事实是，有那么多正确实施了有价值行为的系统，结构却如此糟糕，以至于其价值被否定，变得分文不值。

分文不值这个词并不为过。你有没有参与过"梦幻重新设计"？开发人员告诉管理层，取得进展的唯一方法是从头开始，重新设计整个系统。开发人员评估认为，目前的系统毫无价值。

管理人员同意让开发人员重新设计系统，意味着他们同意开发人员的评估，即当前的系统毫无价值。

是什么原因导致这些设计异味变成了无价值系统？源代码的依赖性！那么我们如何解决这些依赖关系呢？依赖性管理！

我们又是如何管理依赖关系的呢？我们使用面向对象设计的SOLID[1]原则，来保持系统结构不受有可能导致价值丧失的设计异味的影响。

结构的价值大于行为的价值；结构的价值取决于良好的依赖性管理；良好的依赖性管理来自 SOLID 原则。因此，系统的整体价值取决于对 SOLID 原则的正确应用。

好个"系统的整体价值取决于对 SOLID 原则的正确应用"，是吧？系统的价值取决于设计原则，这也许有点儿难以令人相信。但是我们已经亲眼看到了这个逻辑，而且你们中的许多人都有经验来证实它。这个结论值得被认真对待。

艾森豪威尔矩阵

德怀特 D.艾森豪威尔（Dwight D. Eisenhower）将军曾经说过："问题有两种，紧急的和重要的。紧急的不重要，而重要的永远不紧急。"

这句话蕴含真理，关于工程的深刻真理，我们甚至可以称其为"工程师的格言"：

> 紧迫性越高，关联性越小。

图 12.1 展示了艾森豪威尔的决策矩阵。纵轴表示紧迫性，横轴表示重要性。四种可能性是紧急和重要、紧急和不重要、重要但不紧急，以及不重要也不紧急。

---

[1] 参见 Robert C. Martin 编著的 *Clean Code* (Addison-Wesley, 2009)，以及 *Agile Software Development: Principles, Patterns, and Practices* (Pearson, 2003)。

紧急和重要	重要但不紧急
紧急和不重要	不重要也不紧急

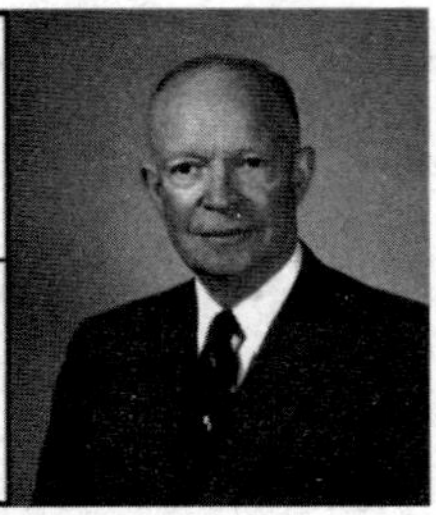

图12.1　艾森豪威尔决策矩阵

我们来排个序。很明显，重要和紧急的在最上面，不重要也不紧急的在最下面。

问题是如何排中间两种。紧急但不重要，重要但不紧急，应该先做哪个？

显然，重要的事情应该优先于不重要的事情。此外，我还认为，如果事情不重要，就根本不该做。做不重要的事情纯属一种浪费。

在抛弃所有不重要的事情后，就只有两种事要处理。先做重要和紧急的事，然后做重要但不紧急的事。

我的观点是，紧迫性关乎时间，重要性则不然。重要的事情是长期的。紧急的事情是短期的。结构是长期的，因此它是重要事宜。行为是短期的，因此它只是紧急事宜。

因此，结构优先，因为它重要。行为次之。

你的老板可能不同意这样的排序，但那是因为对结构问题的考虑不是你老板的工作。它是你的工作。老板只是希望你在实施紧急行为的同时保持结构的整洁。

在本章前文中，我引用了肯特·贝克的话："先让它工作，再使其正确"。现在我却说，结构比行为优先。这是鸡与蛋孰先的问题，不是吗？

先让它工作，因为结构必须支持行为。所以我们先实现行为，然后给予它正确的结构。但结构比行为更重要，优先权更高。在处理行为问题之前先处理结构问题。

可以将问题分解成微小单元来解决这个问题。让我们从用户故事开始。你让一个故事工作，然后让它结构正确。在结构正确之前,不再开发下一个故事。当前故事的结构要比下一个故事的行为更优先。

除非故事太大。那样的话,我们要在更小处着手。不是故事,而是测试。测试的尺寸最完美。

首先,让一个测试通过,然后修整通过该测试的代码的结构,再让下一个测试通过。

这就是 TDD "红灯→绿灯→重构" 循环的道德基础。

正是这种循环帮助我们防止对行为和结构的伤害。正是这个循环使我们能够将结构置于行为之上。所以我们认为,TDD 是一种设计技术,而不是一种测试技术。

程序员是利益相关者

请记住这一点。软件的成功与我们有关。我们,程序员,也是利益相关者。

你这样想过吗?你是否曾将自己视为项目的利益相关者?

但是,当然,你就是。项目的成功对你的事业和声誉有直接影响。所以,是的,你是利益相关者。

作为利益相关者,你对系统的开发和结构有发言权。我的意思是,你也是同一条绳上的蚂蚱。

但你不仅仅是利益相关者。你是工程师。你被雇用是因为你知道如何构建软件系统,以及如何搭建这些系统的结构,使其能够持久。有了这些知识,就有了生产最佳产品的责任。

你不仅有作为利益相关者的权利,而且有作为工程师的责任,确保你生产的系统不会因坏行为和坏结构而遭到损害。

很多程序员不希望扛起这种责任。他们宁愿只是被告知该怎么做。这是悲剧,也是耻辱。这一点儿也不专业。有这种认识的程序员只够格拿最低工资,因为那就是他们工作成果的价值。

你不对系统的结构负责，还有谁来负责？你老板吗？

老板知道 SOLID 原则吗？老板知道设计模式吗？老板知道面向对象的设计，以及依赖反转吗？老板知道 TDD 的纪律吗？老板知道什么是自励，什么是测试特定子类，什么是 Humble Object 吗？他是否明白，那些一起变化的东西应该被归为一组，而那些基于不同原因而变化的东西应该被分开吗？

老板了解结构吗？或者老板的理解仅限于行为吗？

结构很重要。如果你不去关心它，谁会去关心？

如果老板明确告诉你不要理会结构，应完全关注行为，该怎么办？你得拒绝。你是利益相关者。你也有权利。而且你是工程师，你有连老板也不能推翻的责任。

也许你认为拒绝就会被解雇。大概不会。大多数经理期望为他们需要和相信的东西而奋斗。而且他们尊重那些愿意做同样事情的人。

哦，会有争斗甚至对抗。而且争斗与对抗不会很爽。但你是利益相关者和工程师。你不能只是退缩和默许。那不专业。

大多数程序员都不喜欢对抗。但是，与爱对抗的经理打交道是我们必须学习的技能。我们必须学会如何为我们知道是正确的事情而斗争。为重要的事情负责，并为这些事情而斗争，是专业人士的行为。

尽力而为

《程序员誓言》承诺，尽力而为。

显然，对于程序员来说，这个承诺完全合理。你当然会尽力而为，你当然不会故意发布有害的代码。

当然这也不是死规矩。有些时候，结构必须屈从于时间表。例如，为了赶时间参加展会，你必须做快速而肮脏的修复，那就这么做吧。

第12章 伤害

这个承诺甚至不能阻止你向客户提交结构不太完美的代码。如果结构接近正确，但不完全正确，而客户期待着明天的发布，那就先这样吧。

另外，这个承诺确实意味着你将在增加更多行为之前解决那些行为和结构问题。你不可在已知的不良结构上堆积越来越多的行为。你不会允许这些缺陷堆积起来。

如果你老板非让你这么做呢？对话会像以下这样进行。

>**老板**：我希望今晚加上这个新功能。

>**程序员**：对不起，我不能这么做。在添加这个新功能之前，我还有一些结构性的清理工作要做。

>**老板**：明天再做吧。今晚之前完成该功能。

>**程序员**：上一个功能就是这么做的，结果是要整理更大的烂摊子。在开始做新的东西之前，我真的必须完成这些清理工作。

>**老板**：我想你没明白。这是生意。要么我们有生意，要么我们没生意。如果不能完成功能，我们就没生意。快去把功能做好吧。

>**程序员**：我理解。真的，我理解。我也同意。我们必须有能力完成功能。但是，如果我不把过去几天积累的结构性问题清理掉，速度就会拖慢，完成的功能就会更少。

>**老板**：你知道，我曾经看好你。我曾经说过，那个丹尼，他很不错。但现在我不这么认为了。你一点儿都不友善。也许你不应该和我一起工作。也许我应该解雇你。

>**程序员**：嗯，这是你的权利。但我很确定你想快速完成功能，并且做得很好。我告诉你，如果我今天不做清理，我们就会开始放慢速度。而且我们将提供越来越少的功能。

>你看，我也想快一点儿。你雇用我是因为我知道如何做到这一点。你必须让

我做我的工作。你必须让我按我所知的最佳方式做事。

老板：你真的认为如果你今天不做清理工作，一切都会变慢？

程序员：我知道会的。我见过这种事。你也见过。

老板：而且必须今晚做？

程序员：我不放心让这个烂摊子变得更烂。

老板：你明天可以完成这个功能吧？

程序员：是的，而且一旦结构清理完毕，做起来就会容易很多。

老板：好的，就明天。不能再晚了。现在开始吧。

程序员：好的。我马上去办。

老板：（对别人说）我喜欢那孩子。他有胆量，有魄力。即使我威胁要解雇他，他也没有退缩。他前途远大，相信我——但别告诉他我这么说。

可重复证据

第三誓 我将在每次发布时提供快速、确定和可重复的证据，证明代码的每个元素都能正常工作。

对你来说，这听起来不合理吗？被期望证明你所写的代码确实有效，这听起来不合理吗？

请允许我向你介绍艾兹赫尔·韦伯·狄克斯特拉。

狄克斯特拉

艾兹赫尔·韦伯·狄克斯特拉于1930年出生于鹿特丹。他经历了鹿特丹大轰炸和德国对荷兰的占领，并在1948年以数学、物理、化学和生物的最高分数从高中毕业。

1952 年 3 月，在我出生前 9 个月，21 岁的他入职阿姆斯特丹数学中心，成为荷兰第一名程序员。

1957 年，他与玛丽亚·德贝茨（Maria Debets）结婚。在当时的荷兰，作为结婚仪式的一部分，必须说明当事人的职业。当局不愿意接受"程序员"是一种职业。他们从未听说过这样的职业。所以狄克斯特拉说自己是"理论物理学家"。

1955 年，他还是个学生，但已做了三年程序员。他认为编程的智力挑战大于理论物理的智力挑战。因此，他选择编程作为长期职业。

在做出这个决定时，他与他的老板阿德里安·范·韦恩哈登（Adriaan van Wijngaarden）商量。狄克斯特拉担心，编程学科或科学没人承认，人家也不会认真对待他。他老板回答说，狄克斯特拉很可能是使编程成为科学的人之一。

在追求这一目标的过程中，狄克斯特拉受软件是一种形式系统、一种数学的想法所驱使。他推断，软件可以成为类似于《几何原本》那样的数学结构——由假设、证明、定理和公理组成的系统。因此，他着手创建软件证明的语言和学科。

正确性证明

狄克斯特拉意识到，只有三种技术可以用来证明算法的正确性，那就是枚举、归纳和抽象。枚举用来证明两个依次排列的语句，或由布尔表达式选择的两个语句是正确的。归纳用来证明一个循环是正确的。抽象用来将一组语句分解成更小的可证明的片段。

这听起来很困难，而且确实困难。

为了说明这有多难，我在下面附上一段计算整数余数的简单Java程序（见图 12.2），以及该算法的手写证明（见图 12.3）。[1]

---

[1] 这是狄克斯特拉著作中一个例子的 Java 版本翻译。

```
public static int remainder(int numerator, int denominator) (
  assert(numerator > O && denominator > O);
  int r = numerator;
  int dd = denominator;
  while(dd<=r)
    dd *= 2;
  while(dd != denominator) {
    dd /= 2;
    if(dd <= r)
      r -= dd;
  }
  return r;
}
```

图12.2　一段简单的Java程序

我想你可以看出这种方法存在的问题。事实上，这也是狄克斯特拉痛苦地抱怨过的事情：

> 当然，我不敢建议（至少在目前！）程序员有责任在他的程序中写简单循环时提供这样的证明。如果是这样的话，他就不可能写出任何规模的程序来。

狄克斯特拉希望通过建立类似于《几何原本》的定理库，使这种证明变得更加实际。

但狄克斯特拉并不知道软件会变得多么普遍和无孔不入。在那些早期的日子里，他没有预见到计算机的数量会超过人的数量，大量的软件会在我们家中的墙上、口袋里和手腕上运行。如果他知道的话，他就会意识到，对于任何普通人来说，他所设想的定理库都会大到难以掌握。

就这样，狄克斯特拉关于显式数学证明程序的梦想逐渐被遗忘。哦，还有一些坚持不懈的人，希望形式化证明能够重新出现，但他们的观点并没有深入整个软件行业。

虽然旧梦已逝，但它引出了一些深刻的东西。对于这些东西，我们今天仍然在几乎不假思索地使用着。

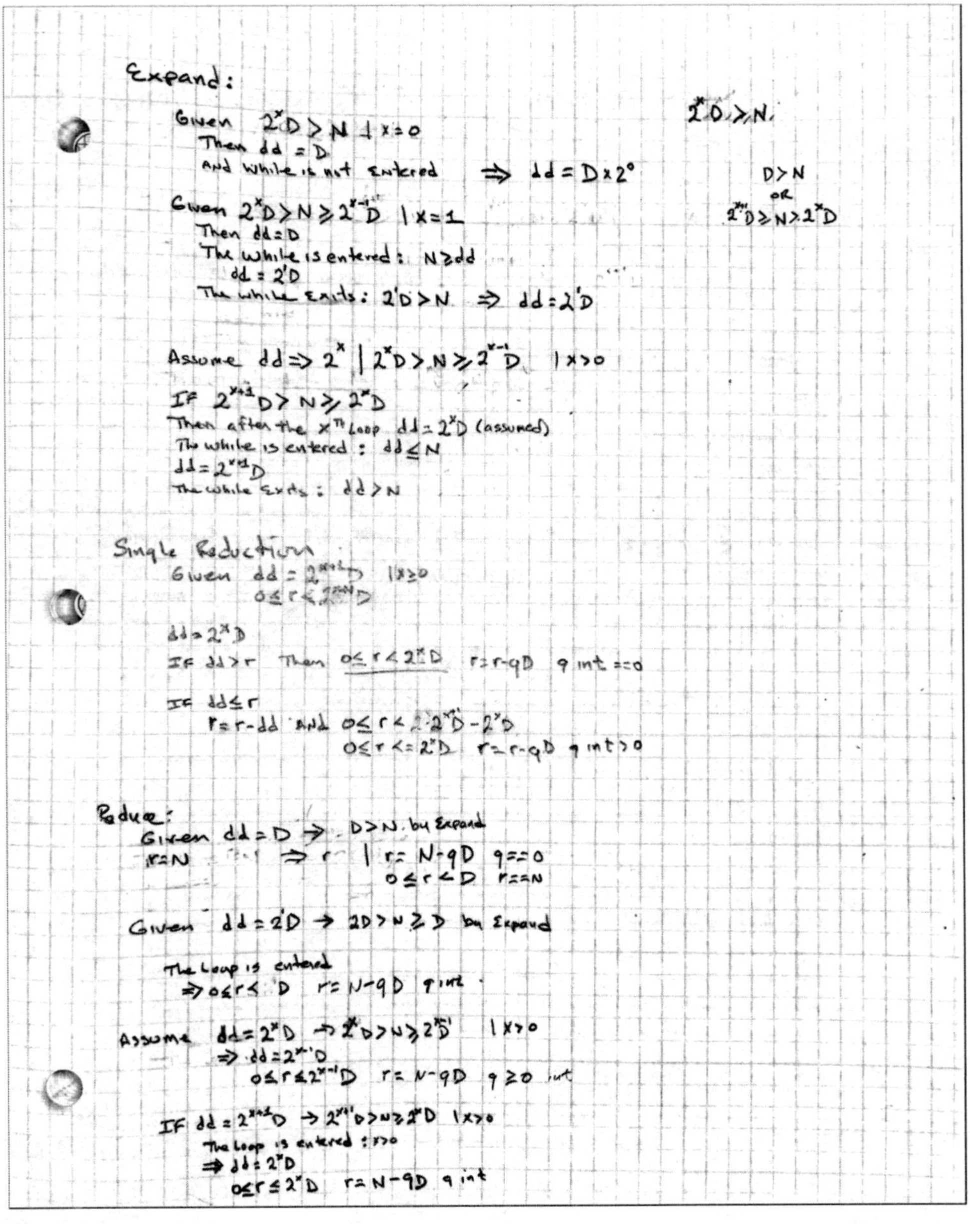

图12.3　手写的算法证明

结构化编程

在编程的早期，即 20 世纪 50 年代和 60 年代，我们使用像 Fortran 这样的语言。你见过 Fortran 吗？我给你看看它是什么样的。

```
        WRITE(4,99)
99      FORMAT(" NUMERATOR:")
        READ(4,100)NN
        WRITE(4,98)
98      FORMAT(" DENOMINATOR:")
        READ(4,100)ND
100     FORMAT(I6)
        NR=NN
        NDD=ND
1       IF(NDD-NR)2,2,3
2       NDD=NDD*2
        GOTO 1

3       IF(NDD-ND)4,10,4
4       NDD=NDD/2
        IF(NDD-NR)5,5,6
5       NR=NR-NDD
6       GOTO 3

10      WRITE(4,20)NR
20      FORMAT(" REMAINDER:",I6)
        END
```

这段 Fortran 小程序实现的余数算法与前面的 Java 程序相同。

现在我想提请你们注意那些 goto 语句。你可能不会经常看到这样的语句。你不经常看到这样的语句的原因是，现在我们对它们不屑一顾。事实上，大多数现代语言甚至不再有这样的 goto 语句了。

为什么我们不赞成使用goto语句？为什么我们的语言不再支持goto？因为在 1968 年，艾兹赫尔·狄克斯特拉给《ACM通讯》的编辑写了一封信，这封信发表在 3 月号上。这封信的标题是《Go To 语句有害》（*Go To Statement Considered Harmful*）。[1]

为什么狄克斯特拉认为 `goto` 语句有害？这一切都回到了证明函数正确性的三种策略上：枚举、归纳和抽象。

枚举取决于这样一个事实，即序列中的每个语句都可以被独立分析，并且一个语句的结果可以反馈到下一个语句中。你应该很清楚，为了使枚举成为证明函数正确性的有效技术，每个被枚举的语句必须有单个入口点和单个出口点。否则，我们就无法确定语句的输入或输出。

更重要的是，归纳只是枚举的一种特殊形式。我们假设被枚举的语句对于 x 为真，然后通过枚举证明它对于 $x+1$ 为真。

因此，循环的主体必须可枚举。它必须有单个入口和单个出口。

`goto` 有害，因为它可以跳入枚举序列，也可以跳出来。`goto` 语句使枚举变得难以实现，无法通过枚举或归纳来证明算法的正确性。

因此，为了保持代码的可证明性，狄克斯特拉主张代码应由三种标准构件组成。

- 顺序：两个或多个按执行顺序排序的语句，即无分支的代码行。
- 条件选择：由断言选择的两个或多个语句，即 `if/else` 和 `switch/case` 语句。
- 遍历：由断言控制的重复语句，即 `while` 或 `for` 循环。

狄克斯特拉认为，任何程序，无论多么复杂，可以只由这三种结构组成。由这三种结构组成的程序可被证明。

他将这种技术称为结构化编程。

如果我们不打算写那些证明，可证明性有何重要呢？如果某件事情可被证明，这意味着你可以对它进行推理。如果某件事情不可被证明，那就意味着你无法推理它。不能推理，就不能正确地测试。

---

[1] Edsger W. Dijkstra, "*Go To Statement Considered Harmful,*" Communications of the ACM 11, no. 3 (1968), 147–148.

功能分解

在 1968 年，狄克斯特拉的观点并没有很快流行起来。我们大多数人都在使用依赖于 goto 的语言。放弃 goto 或严加约束使用 goto 的想法简直令人厌恶。

关于狄克斯特拉观点的争论持续了好几年。那时还没互联网，所以我们没在 Facebook 上发表观点，也没在网上论战。但我们确实给当时主要软件期刊的编辑们写了信。而这些信件也火药味十足。一些人声称狄克斯特拉是神，其他人则说他是傻瓜。就像今天的社交媒体一样，只是速度慢了点。

随着时间的推移，争论逐渐放缓，狄克斯特拉的观点获得了越来越多的支持。直到今天，我们使用的大多数语言都没有 goto 语句了。

现在我们都是结构化语言程序员，因为我们没有其他选择。我们都是通过顺序、条件选择和遍历来打造我们的程序。而我们中很少有人会经常使用无约束的 goto 语句。

这三种结构组成程序，还产生了一个意外副产品，即功能分解技术。功能分解是指从程序的最高层开始，逐步递归，将其分解为越来越小的可证明单元的过程。这就是结构化编程背后的推理过程。结构化程序员通过这种递归分解，将程序自上而下地推理为越来越小的可证明功能。

结构化编程和功能分解之间的联系是在 20 世纪 70 年代和 80 年代发生的结构化革命的基础。艾德·约顿（Ed Yourdon）、拉里·康斯坦丁（Larry Constantine）、汤姆·德马克（Tom DeMarco）和梅利尔·佩奇·琼斯（Meilir Page-Jones）等人在这几十年间普及了结构化分析和结构化设计的技术。

TDD

TDD 的红灯→绿灯→重构循环就是一种功能分解。毕竟，你必须针对需解决问题的细部来写测试。这意味着你必须将问题按照功能分解成可测试的元素。

结果是，每个用 TDD 构建的系统都是由符合结构化编程的功能分解元素构建而成的。这也意味着它们组成的系统可被证明。

而这些测试就是证明。

或者说，测试就是理论。

TDD 创建的测试并不像狄克斯特拉所希望的那样，是一种正式的、数学上的证明。事实上，狄克斯特拉的著名观点认为，测试只能证明程序是错误的，而永远不能证明程序是正确的。

在我看来，这正是狄克斯特拉的失误之处。狄克斯特拉认为软件是一种数学。他希望我们构建由假设、定理、推论和引理组成的上层建筑。

相反，我们认识到，软件是一门科学。我们用实验来验证这门科学。我们在测试通过的基础上构建理论上层建筑，如同所有其他科学一样。

我们是否已经证明了进化论，或相对论，或大爆炸理论，或科学上的任何主要理论？没有。我们无法在数学意义上证明这些理论。

但我们还是在一定范围内相信它们。事实上，每次你坐进汽车或飞机，你都在用生命下注，赌牛顿的运动定理是正确的。每次你使用 GPS 系统，你都在赌爱因斯坦的相对论是正确的。

我们没有在数学上证明这些理论的正确性，但这并不意味着我们没有足够的证据来支持它们，甚至赌上我们的生命。

TDD 给了我们同样类型的证明。不是正式的数学证明，而是实验性的经验证明。我们每天都依赖的那种证明。

于是我们回到了《程序员誓言》中的第三个承诺：

> 我将在每次发布时提供快速、确定和可重复的证据，证明代码的每个元素都能正常工作。

快速、确定和可重复。快速,是指测试集应该在很短的时间内运行,周期为几分钟而不是几小时。

确定,意思是当测试集通过时,你就知道可以交付了。

可重复,意思是这些测试可以由任何人在任何时候运行,以确保系统的正常工作。事实上,我们希望这些测试每天都能运行很多次。

有人认为,要求程序员提供这种水平的证据太过分。有人认为,程序员不应该被要求达到这么高的标准。我却想象不出有什么其他的标准是有意义的。

当客户付钱让我们为他们开发软件时,我们不是有义务尽最大努力证明我们所创造的软件能够完成客户的要求吗?

当然是。

我们应该对客户、雇主和队友做出承诺。我们对业务分析员、测试员和项目经理负有责任。但主要是我们要对自己做出承诺。因为如果不能证明我们所做的事就是人家付钱请我们做的事,我们怎么能认为自己是专业人士?

当你做出这个承诺时,你所欠的并不是狄克斯特拉要求的数学证明,而是一套涵盖所有需要的行为的科学测试集。这套测试集在几秒钟或几分钟内运行,并且每次运行都产生相同和明确的通过/失败结果。

第13章 集成

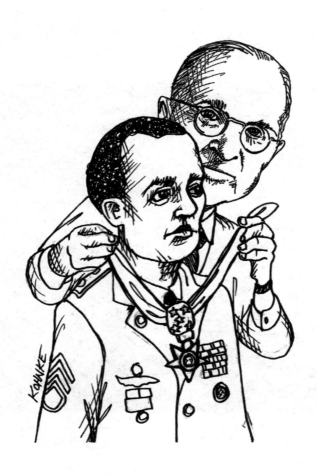

誓言中有些承诺与集成有关。

小周期

第四誓 我将经常进行小规模发布，不妨碍其他人的进展。

小规模发布只是意味着每次发布都只修改少量代码。系统也许很大，但对系统的递增改变却很小。

源代码控制的历史

让我们暂时回到 20 世纪 60 年代。当源代码被打在一套卡片上时，源代码控制系统是怎样的（见图 13.1）？

图13.1 穿孔卡

源代码不存储在磁盘上。它不在"电脑里"。源代码真的就"在你手中"。

源代码控制系统是什么？就是你的办公桌抽屉。

当你真正拥有源代码时，就不需要"控制"它。别人根本碰不到它。

这就是整个 20 世纪 50 年代和 60 年代的情况。甚至没有人梦想过类似于源代码控制系统的东西。你只是简单地把源代码放在抽屉里或柜子里加以控制。

如果有人想"签出"源代码，他们只需去柜子里拿，完成后再放回去。

当然不存在合并源代码问题。两个程序员在同一时间对同一模块进行修改，这在物理上是做不到的。

但在 20 世纪 70 年代，事情开始发生变化。将你的源代码存储在磁带上甚至磁盘上的想法变得很有吸引力。我们编写了行编辑程序，允许往磁带上的源文件中添加、替换和删除行。这些程序不是屏幕编辑器。我们把添加、更改和删除指令打在卡片上。编辑器会读取源磁带，应用修改，并写入新的源磁带。

你可能认为这听起来很糟糕。回想起来——确实如此。但这比试图管理卡片上的程序要好得多！我的意思是，6000 行代码打到卡片上，足有 30 磅重。如果你没拿稳，眼睁睁看着那些卡片散落在地板上、家具底下和取暖炉里面会怎样？

如果磁带掉地上，捡起来就行了。

总之，注意发生了什么。我们从一盘源磁带开始，在编辑过程中，我们最终得到了第二盘新的源磁带。但是旧磁带仍然存在。如果把那盘旧磁带放回磁带架，其他人可能会无意中把他们自己的修改更新到上面，造成源代码合并问题。

为了防止这种情况，我们将主源磁带留在手中，直到完成编辑和测试。然后我们把新的主源磁带放回机架上。我们通过对磁带的占有来控制源代码。

保护源代码需要一套流程和制度。必须使用一套真正的源代码控制流程。当时还没有软件，只有人类制定和遵守的规则。源代码控制的概念仍然与源代码本身分离。

随着系统变得越来越大，需要越来越多的程序员在同一时间处理同一套代码。抢夺主磁带并持有它，对其他所有人来说都很麻烦。我的意思是，母带可能会停止流通几天或更长时间。

因此，我们决定从主磁带中抽取出模块。模块化编程的整个想法在当时非常新颖。程序可以由许多不同的源文件组成，这一概念是革命性的。

所以，我们开始使用如图 13.2 所示的这样的公告板：

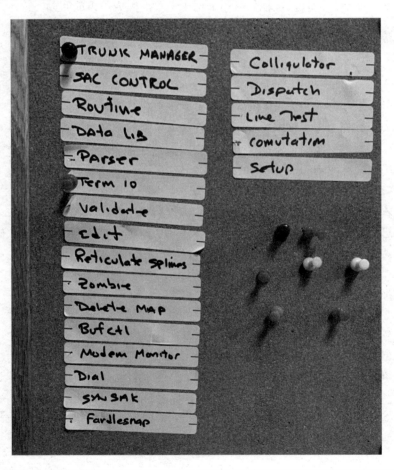

图13.2　公告板

公告板上列出系统中每个模块的标签。每个程序员都有自己颜色的大头针。我的是蓝色的。肯的是红色的。我哥们儿 CK 的是黄色的，如此等等。

如果我想编辑 Trunk Manager 模块，就看公告板上代表该模块的标签是否插上了大头针。如果没有，我就插上一个蓝色大头针。然后我从磁带架上取下母带，并将其复制到一盒单独的磁带上。

我编辑 Trunk Manager 模块，而且只编辑 Trunk Manager 模块，将改动后的源代码保存到新磁带上。我编译、测试、清洗，如此重复，直到修改后的软件正常运行。然后，我从磁带架上取下主控磁带，复制出一盒新主控磁带，用我的修改替换 Trunk Manager 模块。我把新的主控磁带放回架子上。

最后，我从公告板上拔掉蓝色大头针。

这样做行得通，但这只是因为我们都认识对方，我们都在同一个办公室工作，我们都知道对方在做什么。而且我们一直都在和对方交谈。

我在实验室里喊："肯，我要修改 Trunk Manager 模块。"他说："插上大头针。"我说："插上了。"

大头针只是提醒。我们都知道代码的状态，以及谁在做什么工作。这就是为什么这个系统能够发挥作用。

的确，它运作得非常好。知道其他程序员在做什么，意味着我们可以互相帮助。我们可以提出建议。我们可以提醒对方我们最近遇到的问题。而且我们可以避免合并。

在那时，合并一点儿都不有趣。

然后，在 20 世纪 80 年代，出现了磁盘。磁盘容量变得很大，而且它们是永久性的。我所说的"大"是指数百兆字节。我所说的"永久性"是指它们被永久地挂载——始终处于可用状态。

发生的另一件事是，我们有了像 PDP11 和 VAX 这样的机器。我们有了屏幕编辑器、真正的操作系统和多终端。多个用户可以在同一时间进行编辑。

大头针和公告板的时代已经结束了。

首先，那时候，我们有二十或三十个程序员。大头针颜色不够多。其次，我们有成百上千个模块。公告板空间不够用了。

幸运的是，有解决方案。

1972 年，马克·罗坎德（Marc Rochkind）写了第一套源代码控制程序。它被称为SCCS（Source Code Control System，源代码控制系统），用SNOBOL[1]编写而成。

后来他用 C 语言重写 SCCS。SCCS 成为 PDP11 系列计算机上 UNIX 发布版本的一部分。SCCS 一次只能处理一个文件，但允许你锁定该文件。这样，在你完成之前，其他人不能编辑。这是个能救命的工具。

1982 年，沃尔特·蒂奇（Walter Tichy）创建了 RCS（Revision Control System，修订控制系统）。它也基于文件，完全不关心项目内容。但业界认为它改进了 SCCS。RCS 迅速成为当时的标准源代码控制系统。

然后，在 1986 年，CVS（Concurrent Versions System，并行版本系统）出现了。它将 RCS 扩展到能够处理整个项目，而不仅仅是单个文件。它还引入了乐观锁的概念。

在这之前，大多数源代码控制系统就像我的大头针一样工作。如果你签出了这个模块，其他人就不能编辑它。这被称为悲观锁。

CVS 使用乐观锁。两个程序员可以同时签出并修改同一个文件。CVS 会尝试合并任何不冲突的修改。如果它弄不清怎么合并，就会提醒你。

此后，源代码控制系统呈爆炸性增长，甚至成为商业产品。数百个这样的系统充斥坊间。有些使用乐观锁，有些使用悲观锁。锁策略在行业中成为一种宗教式的分歧。

---

[1] 一种可爱的小型字符串处理语言，被开发于 20 世纪 60 年代，它拥有如现代语言一般的多种模式匹配能力。

然后，在 2000 年，Subversion 诞生了。它在 CVS 的基础上进行了巨大改进，并在推动业界彻底摆脱悲观锁方面发挥了作用。Subversion 也是第一个在"云"上使用的源代码控制系统。有人还记得 Source Forge 网站吗？

到目前为止，所有的源代码控制系统都是基于我在公告板时代使用的"主带"概念。源代码被维护在单一中央主库里。源代码从主库中签出，并提交回主库中。

但这一切即将改变。

GIT

那是 2005 年。我们的笔记本电脑里装了以吉字节计的磁盘。网络速度很快，而且越来越快。处理器的时钟频率已经稳定在 2.6GHz。

我们离我的老公告板源代码控制系统已经非常非常远了。但我们仍在使用主磁带的概念。我们仍然有一个中央存储库，每个人都必须签入和签出。每次提交、每次还原、每次合并都需要通过网络连接到主库。

然后就有了 git。

好吧，实际上，BitKeeper 和 Monotone 启发了 git；但正是 git 引起了编程界的注意，改变了一切。

因为，你看，git 摈弃了主磁带的概念。

哦，你仍然需要一个最终的权威源代码版本，但是 git 不会自动为你提供。git 根本不关心这个问题。你自行决定把权威版本放在哪里。这完全取决于你。git 与此毫无关系。

git 将源代码的全部历史记录保存在你的本地机器上。如果你用笔记本电脑，就保存在笔记本电脑上。在你的机器上，你可以提交修改，创建分支，签出旧版本。一般来说，你可以做像 Subversion 这样的集中式系统可以做的所有事，只不过你不需要连接到某个中央服务器上。

在任何时候，你都可以连接到其他用户，把你所做的修改推送给该用户，或者把他们所做的修改拉到你的本地版本库。两者都不是主库。两者平等。这就是他们叫它点对点方案的原因。

而你用来生产发布的最终权威位置只是另一个用户,人们可以在任何时候将代码推给他,或是从他那里拉过来。

最终结果是,在把改动推送到其他地方之前,你可以自由地做任意多次小提交。如果你愿意,可以每 30 秒提交一次。你可以在每次通过单元测试的时候提交一次。

这就把我们带到了整个历史讨论的重点。

如果回头看看源代码控制系统的发展轨迹,你就会发现,它们一直被一个基本要求所驱动。这也许是无意识的。

短周期

再想想看我们是如何开始的。当源代码通过物理上的一套卡片来控制的时候,周期有多长?

你从柜子里拿出这些卡片来签出源代码。你一直保存着这些卡片,直到完成项目。然后,你把修改过的卡片放回柜子里,提交你的修改。周期就是整个项目的时间。

然后,当我们在公告板上使用大头针时,同样的规则也适用。你把大头针插到代表正在修改模块的标签上,直到完成手头项目。

即使在 20 世纪 70 年代末和 80 年代,当我们使用 SCCS 和 RCS 时,我们仍然使用这种悲观的锁定策略,不让其他人碰我们正在修改的模块,直到我们完成。

但是 CVS 带来了改变——至少对我们中的一些人来说。乐观锁意味着程序员不能把其他人锁定在模块之外。我们仍然只在完成整个项目时提交代码;但其他人可以同时在同一个模块上工作。因此,代码提交之间的平均时间急剧缩减。当然,这样做的代价是合并。

而我们是多么讨厌做合并。合并是可怕的。特别是在没有单元测试的情况下!它们乏味、耗时,而且危险。

对合并的厌恶促使我们采取了新的策略。

持续集成

到了 2000 年，即使在使用 Subversion 这样的工具时，我们已经开始教导每隔几分钟提交一次的纪律。

道理很简单。提交得越频繁，就越不可能面临合并。而且，如果真的要合并，也会是极小的合并。

我们把这种做法叫作持续集成。

当然，持续集成依赖于一套非常可靠的单元测试。我的意思是，如果没有好的单元测试，就很容易出现合并错误，破坏别人的代码。所以，持续集成与 TDD 是相辅相成的。

有了像 git 这样的工具，周期缩减的程度几乎没有限制。这就提出了一个问题：为什么我们如此关注周期缩减？

因为漫长的周期阻碍了团队的进步。

两次提交之间的时间越长，团队中的其他人——也许是整个团队——不得不等着你的机会就越大。而这就违背了承诺。

也许你认为这只与生产版本有关。不，它实际上与所有周期有关。它与迭代/冲刺有关。它与编辑/编译/测试周期有关。它与两次提交之间的时间有关。它关乎一切。

记住这个道理：这样你就不会阻碍别人的进度。

分支与切换

我曾经坚持拒绝分支。在使用 CVS 和 Subversion 的时候，我禁止团队成员对代码进行分支。我希望所有的修改尽可能频繁地返回到主线上。

我的理由很简单。分支只是一种长期签出。而且，正如我们所看到的，长期签出延长了两次集成之间的时间，阻碍了其他人的进展。

但后来我换成了 git——就在一夜之间，一切都改变了。

当时我正在管理 FitNesse 开源项目。有十来个人在这个项目中工作。我刚刚把它从 Subversion（Source Forge）转移到 git（GitHub）。突然间，分支开始到处出现。

最初几天，git 中这些疯狂的分支让我感到困惑。我应该放弃禁止分支吗？我是否应该放弃持续集成，允许每个人随意创建分支？我是否应该忘掉周期时间的问题？

但后来我想到，我看到的这些"分支"，并不是真正的命名分支。相反，它们只是开发人员在推送与推送之间所做的提交流。事实上，git 真正做的是记录开发者在持续集成周期之间的行为。

所以我决心继续严禁分支的规则。不过，立即返回主线的不是提交，而是推送。持续集成被保留了下来。

如果我们遵循持续集成的原则，每隔一小时左右就推送到主线上，那么我们肯定在主线上会有一堆半成品。通常有两种策略来处理这个问题：分支和切换。

分支策略很简单。你只需在源代码中创建一个新的分支来开发该功能。当功能完成后，再把它合并回来。这通常是通过延迟推送直到功能完成来实现的。

如果你让分支脱离主线数天或数周，那么你很可能面临大合并；而且你肯定会妨碍团队的工作。

然而，在有些情况下，新功能与代码的其他部分是隔离的，所以分支不可能引起大的合并。在这种情况下，让开发人员在不持续集成的情况下安安静静地工作可能更好。

事实上，几年前我们在 FitNesse 就有过这样的情况。当时我们完全重写了解析器。那是个大工程。它花了几个人好几周的时间，而且没有办法循序渐进地进行。我的意思是，解析器就是解析器。

所以我们创建了一个分支,并将该分支与系统的其他部分隔离开来,直到解析器准备就绪。

最后还是有合并工作要做,但并不太糟糕。解析器与系统的其他部分隔离得足够好。而且,幸运的是,我们有一套非常全面的单元测试和验收测试。

虽然解析器分支相当成功,但我还是认为把新功能的开发放在主线上更好。在准备好之前,用切换手段来关闭这些功能。

有时,我们使用标识来进行这些切换,但更多的时候,我们使用 Command 模式、Decorator 模式和特殊版本的 Factory 模式来确保仅编写了一部分的功能不能在生产环境中执行。

在大多数时候,我们根本不给用户使用新功能的选项。我的意思是,如果按钮不在网页上,你就不能执行这个功能。

当然,在许多情况下,新功能将作为当前迭代的一部分完成——或者至少在下一个生产版本之前完成。所以没有真正的必要进行任何形式的切换。

只有当你要在一些功能尚未完成的情况下发布到生产环境中时,才需要切换标识。那么,这应该是多长时间呢?

持续部署

如果我们能消除生产发布之间的延迟呢?如果我们能每天向生产环境中发布好几次呢?毕竟推迟生产版本发布妨碍了其他人。

我希望你能够每天多次将你的代码发布到生产环境中。我希望你对自己的工作有足够的信心,可以在每次推送时将你的代码发布到生产环境中。

当然,这取决于自动化测试:由程序员编写的自动化测试覆盖每一行代码。由业务分析师和 QA 测试员编写的自动测试涵盖每一个期望的行为。

回顾我们在第 12 章"伤害"中关于测试的讨论。这些测试是科学证明,证明一切都在按计划进行。如果一切工作正常,下一步就是部署到生产环境中。

而且，这能证实你的测试是否足够好。如果测试通过，可以放心地进行部署，那么你的测试就足够好。如果通过的测试不足以让你放心部署，那么测试就有缺陷。

也许你认为，每天部署，甚至每天部署几次，会导致混乱。然而，你准备好部署，并不意味着企业已经准备好部署。作为开发团队中的一员，你的标准是要永远时刻准备好。

更重要的是，我们希望帮助企业消除所有的部署障碍，尽可能地缩短部署周期。毕竟，部署过程越复杂，部署成本就越昂贵。每家企业都希望能消除这种开支。

所有企业的最终目标都是能够持续、安全和无仪式的部署。部署应该尽可能地接近于无事发生。

而且，由于部署通常涉及大量工作，要配置服务器，要加载数据库，所以你需要将部署过程自动化。由于部署脚本是系统的一部分，因此你要为它们写测试。

对于你们中的许多人来说，持续部署概念可能离你们目前的流程太远，以至于无法想象。但这并不意味着你没有办法缩短周期。

谁知道呢。如果你继续缩短周期，月复一月，年复一年，也许有一天你会发现你正在做持续部署。

持续构建

显然，如果要在短周期内进行部署，就必须能够在短周期内构建。如果要持续部署，就必须能够持续构建。

也许你们有些人的构建时间很长。如果你太慢，就加快速度。真的，以现代系统的内存和速度而言，没有任何借口能拖慢构建速度。没有。加快速度。把它当作一个设计挑战。

然后给自己找一个持续构建工具，如 Jenkins、Buildbot 或 Travis，并使用它。确保你在每次推送时都启动构建。尽一切努力确保构建不会失败。

构建失败是红色警报，是紧急情况。如果构建失败，我希望向每个团队成员发送电子邮件和文本信息。我希望警笛响起。我希望 CEO 的办公桌上有一盏红灯闪烁。我希望每个人都停止他们手头的工作，处理紧急情况。

保持构建不失败并非火箭科学。你只需在你的本地环境中运行构建，并在推送前进行所有测试。只有当所有的测试都通过时，你才能推送代码。

如果在推送代码之后构建失败，意味着你已经发现了一些需要尽快解决的环境问题。

决不容许构建继续失败。因为如果容许构建失败，你会习惯于失败。如果你习惯了失败，你就会开始忽视它们。你越是忽视这些故障，故障警报就越是令人讨厌，你就越想把失败的测试关掉，稍后再来修复。你懂的。稍后？

而这时，测试就变成了谎言。

移除失败的测试后，构建再次通过。这让每个人都感觉很好。但这是在撒谎。

因此，要不断地构建。而且永远不要让构建失败。

持续改进

> 第五誓 我将无畏地、毫不留情地利用一切机会改进我的创作。我绝不让它变更差。

童子军之父罗伯特·巴登·鲍威尔（Robert Baden Powell）留下一段遗言，劝告童子军在离开时要让世界比他们来时更好。正是从这句话中，我得出了我的"童子军军规"：代码签入时要比签出时更整洁。

怎么做到？通过在每次检查代码时对其进行随机善意行为来做到。

其中一个随机善意行为就是增加测试覆盖率。

测试覆盖率

你是否计算过你的代码有多少被测试所覆盖？你知道被覆盖行数的占比吗？你知道有多少分支被覆盖了吗？

有很多工具可以测量覆盖率。对我们大多数人来说，这些工具是 IDE 的一部分，而且运行起来很简单。所以没有理由不知道覆盖率是多少。

你应该如何对待这些数字？首先让我告诉你不要做什么。不要把它们变成管理指标。如果你的测试覆盖率太低，不要让构建失败。测试覆盖率是一个复杂的概念，不应该如此天真地使用。

这种天真用法是导致作弊的不良动机。欺骗测试覆盖率非常容易。记住，覆盖率工具只测量被执行的代码量，而不是实际测试的代码。这意味着你可以通过从失败的测试中删掉断言来使覆盖率变得非常高。当然，这也使得这个指标毫无用处。

最好的策略是将覆盖率数字作为开发人员工具来帮助你改进代码。你应该通过编写实际的测试来有意义地推动覆盖率达到 100%。

100%的测试覆盖率始终是目标，但它也是一个渐近目标。大多数系统永远达不到 100%，但这不应该阻止你不断地提高覆盖率。

这就是你使用覆盖率数字的目的。你用它们作为衡量标准来帮助你改进，而不是用它们作为惩罚团队和使构建失败的棍棒。

突变测试

100%的测试覆盖率意味着代码的任何语义变化都会导致测试失败。TDD 是接近这个目标的好做法，因为如果你不打折扣地执行，那么每一行代码的存在意义都是为了让失败的测试通过。

然而，这往往不切实际。程序员也是人，纪律总是受制于现实情况。因此，现实情况是，即使是最勤奋的测试驱动的开发人员也会留下测试覆盖缺口。

突变测试是找到这些缺口的一种方法。而且，还有可资利用的突变测试工具。突变测试器运行测试集并测量覆盖率。然后，它进入一个循环，以某种语义方式修改代码，然后再次运行测试集和覆盖率。语义变化是指将 `>` 改为 `<`，或者 `==` 改为 `!=`，或者 `x = <something>` 改为 `x = null`。每个这样的语义变化都被称为突变。

工具期望每个突变都不能通过测试。没能通过测试的突变称为幸存突变（Surviving Mutations）。显然，我们的目标是确保没有幸存突变。

运行突变测试可能要投入可观的时间。即使是相对较小的系统也需要几小时的运行时间。所以这类测试最好在周末或月末进行。然而，这些工具发现的东西总能让我惊讶。因此，时不时做一下，绝对是值得的。

语义稳定性

测试覆盖率和突变测试的目标是创建确保语义稳定性的测试集。系统的语义是该系统的必要行为。确保语义稳定的测试集是只要有必要行为被破坏时就会失败的测试集。我们使用这样的测试集来消除对重构和整理代码的恐惧。如果没有语义稳定的测试集，我们往往会对改变产生极度恐惧。

TDD 提供了语义稳定的测试集的良好开端；但是 TDD 并不足以实现完全的语义稳定。应该用覆盖率、突变测试和验收测试来提高语义稳定性，令其接近完美。

清理

能改善代码的最有效随机善意行为也许是简单的清理——以改进为目标的重构。

可以做哪些方面的改进？当然，其中肯定会包括消除代码异味。但我经常会清理代码，即使它没有异味。

我会在名称、结构、组织方面做一些微小改进。这些修改可能不会被其他人注意到。有些人甚至会认为它们使代码变得不那么干净。但我的目标并不只是代码的状态。通过做一些小的清理工作，我更了解代码。我更熟悉代码，能更加自如地操作。也许我的清理工作实际上并没有在任何客观意义上改进代码；但它改善了我对代码的理解，以及我对代码的操作。清理工作提高了我作为该代码开发者的能力。

清理提供了不容低估的另一个好处。通过清理代码，即使只是小修改，我也让代码更加灵活。确保代码保持灵活性的最好方法之一，就是定期对其进行修改。我所做的每一点儿清理工作实际上都是对代码灵活性的测试。如果我发现微小的清理工作有点儿困难，我就发现了不灵活的地方，可以着手纠正。

记住，软件应该是柔软的。你怎么知道它是柔软的呢？通过定期测试它的柔软性，通过做一些小的清理和小的改进，并感受到这些修改有多容易或多困难。

创造

第五誓使用了创造一词。在本章中，我主要关注的是代码，但代码并不是程序员所创造的唯一事物。我们创造设计、文件、时间表和计划。所有这些都是应该不断改进的创造物。

我们是人类。人类随着时间的推移让事情变得更好。我们不断改进我们所做的一切。

保持高生产力

> 第六誓　我将尽我所能尽可能地提高自己和他人的生产力。我不会做任何降低生产力的事。

生产力。这是个很好的话题，不是吗？你有多少次觉得这是工作中唯一重要的事？如果你想一想，生产力就是这本书和我所有关于软件的书里写到的内容。

所有这些书都是关于如何走得更快。

在过去 70 年的软件发展中，我们所学到的是，要想走得快，就要好好走。

要想走得快,唯一的办法就是好好走。

所以你要保持代码整洁。你要保持设计整洁。编写语义稳定的测试,并保持高覆盖率。懂得并使用适当的设计模式。保持方法尺寸小,名称精确。

但这些都是实现生产力的间接方法。这里我们将谈论保持高生产力的更直接方法。

1. 黏度——保持开发环境的效率。
2. 注意力——处理好每天的工作和个人生活。
3. 时间管理——有效地将生产时间与必须做的所有其他杂事分开。

拖慢速度的因素

当涉及生产力时,程序员往往非常短视。他们认为生产力的主要组成部分是快速编写代码的能力。

但是写代码是整个过程中非常小的一部分。就算写代码的速度无限快,也只能提高少量的整体生产力。

这是因为在软件过程中,除了写代码,还有很多东西。至少包括:

- 构建。
- 测试。
- 调试。
- 部署。

这还不算需求、分析、设计、会议、研究、基础设施、工具,以及所有其他进入软件项目的东西。

所以,尽管高效地编写代码很重要,但离解决最大那部分问题还很远。

因此,让我们逐个解决其他一些问题。

构建

如果在 5 分钟的编辑之后需要花 30 分钟来构建,就不可能有很高的效率,对吧?

在 21 世纪的第 2 个以及之后的每个 10 年里,没有任何理由让构建花费超过一两分钟。

在你提出反对意见之前,请想一想,怎么能加快构建速度?在这个云计算的时代,你是否确信没有办法能大大加快构建速度?找出导致构建缓慢的原因并解决它。把这当作一个设计挑战。

测试

是测试拖慢了构建速度吗?同样的答案。加快测试速度。

来看看我可怜的小笔记本电脑。它有 4 个核心,以 2.8GHz 的时钟速率运行。这意味着它每秒钟可以执行大约 100 亿条指令。

你的整个系统中有 100 亿条指令吗?如果没有,那么你应该能够在一秒钟之内测试整个系统。

当然,除非不止一次执行其中部分指令。例如,要测试登录多少次才能知道它是否有效?通常来说,一次就够了。那么,你有几个测试经过了登录过程?多于一个都是浪费!

如果每次测试前都需要登录,那么在测试时应当跳过真实登录。可以使用某种 Mocking 模式。或者,如果你必须这样做,从为测试建立的系统中删除登录过程。

重点是,不要在测试中容忍这样的重复。这可能会使它们变得非常缓慢。

另一个例子是,你的测试有多少次使用了用户界面的导航和菜单结构?有多少测试从顶部开始,然后穿过一长串的链接,最终使系统进入可以运行测试的状态?

任何超过一步的导航路径都是浪费!因此,创建特殊的测试 API,允许测试快速迫使系统进入你所需要的状态,无须登录,也无须导航。

你要执行多少次数据库查询才能知道它是有效的？一次！因此，应该在大多数测试中模拟数据库。不要让同样的查询一次又一次地被执行。

周边设备很慢。磁盘很慢。网络套接字很慢。UI 屏幕很慢。不要让缓慢的东西拖累测试。把它们模拟出来。绕过它们。把它们从测试的关键路径上移开。

绝不容忍缓慢的测试。保持测试快速运行！

调试

调试需要很长的时间吗？为什么？为什么调试速度很慢？

你使用 TDD 来写单元测试，对吧？你也在写验收测试，对吧？你正在用像样的覆盖率分析工具来测量测试覆盖率，对吧？你定期使用突变测试器来证明你的测试在语义上是稳定的，对吧？

如果你做了所有这些事，或者甚至只是其中的一些，那么调试时间就可以减少到微不足道的程度。

部署

部署是否没完没了？为什么？我的意思是，你在使用部署脚本，对吧？你并不是在手动部署，是吧？

记住，你是程序员。部署是一套过程——将它自动化！而且也要为那套过程写测试！

你应该能够在每一次部署系统时，只需点击一下就能完成。

解决注意力分散问题

注意力分散是破坏生产力的最有害的因素之一。有许多不同类型的注意力分散因素。重要的是，你要知道如何识别它们，并抵御它们。

会议

你是否被会议拖后腿？

我有一条非常简单的规则来对付会议。它是这样的：

> 当会议变得无聊时，就离开。

你还是要保持礼貌。等几分钟，等到谈话冷场，然后告诉与会者，你认为不再需要你继续参与，并问他们是否介意你回到你要做的相当多的工作中去。

永远不要害怕离开会议。如果你不弄清楚如何离开，那么有些会议将永远把你留在那儿。

拒绝大多数会议邀请也是明智之举。避免陷入漫长无聊会议的最好方法是先礼貌地拒绝邀请。

不要担心错过什么事。如果他们真的需要你，就会来找你。

当有人邀请你参加会议时，确保参会理由。确保他们明白你只能花几分钟的时间，而且你很可能在会议结束前就离开。

而且确保你坐在靠近门口的地方。

如果你是小组长或经理，请记住你的主要职责之一是捍卫团队生产力，不让下属参加会议。

音乐

很久很久以前，我习惯听着音乐写代码。但我发现，听音乐会妨碍我专心工作。随着时间的推移，我意识到，听音乐只是感觉它能帮助我集中注意力，而实际上它分散了我的注意力。

有一天，当我翻看一年前的代码时，我意识到，代码在音乐的鞭挞下痛苦不堪。代码注释中散落着我一直在听的那首歌的歌词。

从那时起，我就不再一边听音乐一边写代码了。我发现我对自己写的代码更满意，而且我对细节的关注也更多了。

编程是通过顺序、条件选择和遍历来安排程序元素的行为。

音乐是由通过顺序、条件选择和遍历安排的音调和节奏元素组成的。

会不会是听音乐和编程使用了相同的大脑部分，从而消耗了你的部分编程能力？这是我的理论，我坚信不疑。

你们将不得不为自己解决这个问题。也许音乐真的能帮到你。也许它不能。我建议你尝试在不听音乐的情况下编码一个星期，看看最终是否能产出更多、更好的代码。

心情

重要的是要认识到，要想提高生产力，就必须熟练管理自己的情绪状态。情绪上的压力会扼杀你编码的能力。它可以破坏你的注意力，使你永远处于心不在焉的状态。

例如，你有没有注意到，在与伴侣大吵一架之后，你就无法编码了？哦，也许你会在 IDE 中胡乱输入几个字符，但它们并没有什么价值。也许你会参加不必太过关注而且无聊的会议，假装自己很有成就感。

我发现了以下恢复生产力的最佳方法。

采取行动。在情感的根源上采取行动。不要尝试编码。不要试图用音乐或会议来掩盖这些情绪。这不起作用。采取行动，解决情绪问题。

如果你因为与伴侣吵架而过于悲伤或沮丧，无法编码，那么就给他/她打电话，尝试解决问题。即使问题没能真正被解决，你会发现尝试解决问题的行动有时会使你的头脑清醒，足以编码。

实际上你不必解决情绪问题。你所要做的就是说服自己，你已经采取了足够适当的行动。我通常发现这就足以让我把思绪转移到我要写的代码上。

如有神助

许多程序员都喜欢一种超常规精神状态。那是一种高度集中的专注状态，代码似乎从你身体的每一个孔隙中涌出，滔滔不绝，使你感到自己是超人。

尽管令人兴奋，但多年来我发现，我在这种超常规状态下生产的代码往往相当糟糕。这些代码还不如我在正常注意力集中状态下写的代码考虑得周到。因此，如今，我抗拒进入下笔如有神的状态。结对是个非常好的方法，可以避免自得其乐。你必须与别人沟通和合作，这种情况似乎干扰了自我沉迷。

不听音乐也能帮助我不陷入过度专注的状态，因为它能让我看到实际环境，立足于现实世界。

如果我发现自己开始过度专注，我就会跳离出来，花一点儿时间做其他事情。

时间管理

管理注意力分散的最重要方法之一是采用时间管理纪律。我最喜欢的是*番茄工作法*（Pomodoro Technique）。[1]

Pomodoro 是意大利语，意思是番茄。事实上，说英语的团队倾向于使用 Tomato（番茄）这个词来代替。但如果你在谷歌上搜索 Pomodoro Technique，你会得到更好的结果列表。

该技巧的目的是帮助你在正常工作的期间管理你的时间和注意力。除此以外，它并不关心其他事情。

这套技巧的核心概念相当简单。在开始工作之前，设置定时（传统上是用番茄形状的厨房定时器）25 分钟。

接下来一直工作到计时器响起。

然后休息 5 分钟，重整头脑和身体。

然后重新开始。将计时器设定为 25 分钟，工作到计时器响起，然后休息 5 分钟。以此类推。

25 分钟没有什么神奇之处。我认为 15～45 分钟都是合理的。但是一旦你选好时间，就要

---

[1] Francesco Cirillo, *The Pomodoro Technique: The Life-Changing Time-Management System* (Virgin Books, 2018).

坚持。不要改变番茄的大小！

当然，如果当计时器响起时，我还差 30 秒就能让测试通过，我就会完成测试。另外，遵守纪律也很重要。我不会超时 1 分钟以上。

到目前为止，这听起来平淡无奇，但处理中断，比如电话铃响，是这个技巧的闪光点。规则是：保卫番茄！

告诉试图打断你的人，你会在 25 分钟内——或者你的番茄代表的其他时长——找他们。尽快打发掉干扰因素，然后回到工作岗位。

然后，在计时结束并且你休息完之后，处理差点打断你工作的问题。

这意味着番茄与番茄之间的间隔时间有时会变得相当长，因为打断你的人往往要求你花很多时间处理问题。

同样，这也是这种技巧的魅力所在。在一天结束的时候，你会计算已完成的番茄数量，这就给了你衡量生产力的标准。

只要你善于把一整天分成多个番茄，并保护每个番茄都不受干扰，你就可以开始通过分配番茄来计划你的一天。你甚至可以开始用番茄来预估任务，并围绕预估结果来计划会议和午餐。

第14章 团队合作

其余几个誓言反映了对团队的承诺。

组团工作

第七誓 我将一直确保其他人能够补上我的位置，我也能够为其他人补位。

将知识隔离成一个个筒仓对团队和组织非常有害。一个人的损失可能意味着整块知识的丢失。团队和组织可能因此陷入瘫痪。这也意味着团队中的个人没有足够的背景来相互理解对方，最后常常变成各持己见，鸡同鸭讲。

解决这个问题的方法是在团队中传播知识。确保每个团队成员充分了解其他团队成员手头的工作。

而传播这种知识的最好方式是一起工作——结对或结组。

事实是，提高团队生产力几乎没有比实践协同编程更好的方法了。了解正在进行的工作之间的深层联系的团队，不可能不比一群孤零零的人更有生产力。

开放式/虚拟办公室

团队成员非常频繁地彼此查看和互动也很重要。最好的办法是将他们放在一间屋子里。

21 世纪初，我开了一家公司，业务是帮助其他机构采用敏捷开发。我们派遣一组导师和教练到客户公司，指导他们改用新方法。在工作正式开始前，我们让客户的管理人员重新安排办公室空间，好让我们的教练队伍能和客户团队在同一房间工作。这种事发生了不止一次。后来，在我们到客户公司开始工作前，客户的管理人员就告诉我们，仅仅是将团队安排到同一间办公室，生产力就有了很大提升。

我在 2021 年第一季度写下这段文字。彼时 COVID-19 疫情刚开始减退，疫苗快速分发（今天我会打第二针），我们都希望生活恢复正常。疫情总要结束，但相当数量的软件团队却会继续远程工作。

远程工作永远不会像在同一间办公室里工作那样富有成效。即便有最好的电子设备，在屏幕上见面总不如面对面交流。如今的电子系统非常好用。所以，如果你是远程工作，用起来吧。

打造一间团队虚拟办公室。让每个人都能互相看见。尽量打开每个人的语音频道。你的目标是创造团队办公室的幻觉，让大家都在里面工作。

现今，电子系统非常有助于结对和结组编程。远程共享屏幕和协同编程变得相对容易。在这么做时，保持大家可以互相看见面部，听见说话声。在协同写代码时，你们会想要彼此看得见。

远程团队应当尽可能在同一时间工作。如果程序员相距很远，就很难做到了。团队成员驻地跨越的时区要尽量少。尽力让团队成员每天在虚拟办公室里连续共同工作起码六小时。

你是否注意到，在开车时，很容易喝骂其他驾驶员？那是因为风挡效应的缘故。当坐在挡风玻璃后面时，很容易视他人为糊涂蛋、智障者甚至死敌。很容易不把人当人看。当坐在电脑屏幕后面时，这种情况也会发生，只是程度较低而已。

为了防止这种情形发生，团队每年应有那么几次能齐聚同一真实房间。这有助于团队凝聚，始终成其为一个团队。如果有人两周前才和你共进午餐，坐在一起工作，你就很难像对待其他驾驶员一样对待他。

诚实和合理地预估

第八誓　我将给出在数量级和精准度上都靠谱的预估。我不会做出没有把握的承诺。

本节将讨论对项目和大型任务的预估——也就是那些需要很多天或很多星期才能完成的事情。对小任务和故事的预估在《敏捷整洁之道》（*Clean Agile*）[1]一书中进行了讨论。

---

[1] Robert C. Martin, *Clean Agile: Back to Basics* (Pearson, 2020).

懂得如何预估是每名软件开发人员的基本技能，也是我们大多数人都非常、非常不擅长的技能。这项技能必不可少，因为每家企业在投入资源之前，都需要大致知道某件事情的成本是多少。

不幸的是，我们没有理解什么是预估以及如何预估，导致程序员和企业之间几乎灾难性地失去了信任关系。

世界上充斥着代价数十亿美元的软件失败案例。这些失败往往是由于预估不当造成的。预估结果偏离实际两倍、三倍，甚至四五倍的情况并不少见。但为什么呢？为什么预估如此难以做到准确？

主要是因为我们不了解预估究竟是什么；也不了解如何做预估。你看，为了使预估变得有用，预估必须靠谱，必须准确，而且必须精确。但是，大多数预估都做不到。事实上，大多数预估都是谎言。

谎言

大多数预估都是谎言，因为它们都是由一个已知的结束日期倒推造成的。

例如 HealthCare.gov 网站。美国总统批准了一项法案，规定该软件系统启动的具体日期。

这样肆意乱来，让人反胃。我的意思是，太荒谬了。没有人被要求预估可上线日期，反而是法律规定他们某天必须上线项目！

因此，当然，所有与该规定日期有关的预估都是谎言。怎么可能不是谎言呢？

这让我想起了大约 20 年前，我为一个团队提供咨询的情景。我记得当项目经理走进来时，我正和他们一起在项目办公室工作。他是个年轻人，也许 25 岁左右吧。他刚和老板开完会回来。他显然很激动。他告诉团队，截止日是多么重要。他说："我们真的必须赶上那个日期。我的意思是，我们真的必须赶上那个日期。"

当然，团队的其他成员只是翻翻白眼，摇摇头。要求赶上日期的需要并不是赶上那个日期的解决方案。这位年轻的经理没有提出任何解决方案。

在这样的情况下，预估自然成了支持执行计划的谎言。

这让我想起我的另一个客户，他墙上挂着巨大的软件生产计划图——充满圆圈、箭头、标签和任务。程序员们将其称为：笑声音轨[1]。

在这一节中，我们要谈的是真实、有价值、诚实、准确、精确的预估。专业人士所做的那种预估。

诚实、准确、精确

预估最重要的是诚实。除非够诚实，否则预估对任何人都没有好处。

> 我：所以我问你，你能给出的最靠谱的预估是什么？
>
> 程序员：嗯，我不知道。
>
> 我：对。
>
> 程序员：什么对？
>
> 我：我不知道。
>
> 程序员：等等。你问我的是最靠谱的预估。
>
> 我：是的。
>
> 程序员：然后我说，我不知道。
>
> 我：对。
>
> 程序员：那么最靠谱的预估是什么呢？
>
> 我：我不知道。
>
> 程序员：那你怎么能指望我知道呢？

---

[1] Laugh Track 是预先录好的观众笑声。后期将笑声音轨合成到情景喜剧中，造成有现场观众热烈反馈的假象。——译者注

我：你已经说过了？

程序员：说了什么？

我：我不知道。

你能给出的最靠谱的预估是"我不知道"。但这种预估并不特别准确或精确。毕竟，你确实知道一些关于预估的事情。因此，其挑战在于如何量化你所知道的和不知道的。

首先，预估必须准确。这并不意味着给出确定的日期——你不敢说那么准。只要是你觉得有信心的日期范围就好。

举例来说，从现在开始到十年后的某个时间段，是对你写一个 hello world 程序所需时间的相当准确的预估。但它缺乏精确性。

另外，"昨天凌晨 2 点 15 分"是非常精确的估计。但如果你现在都还没有开始写，可能就不是很准确。

看到区别了吗？当给出预估时，你希望它在准确性和精确性方面都够靠谱。要做到准确，说出一个你有信心的日期范围。为了精确，你得把这个范围缩小到有信心能完成的时间。

而对于这两项行动，残酷地保持诚实是唯一选择。

要对这些事情诚实，你必须对可能犯的错误有一些了解。因此，让我告诉你两个关于我曾经犯过多大错误的故事。

故事 1：载体

那是 1978 年。我当时在伊利诺伊州迪尔菲尔德一家名为泰瑞达（Teradyne）的公司工作。我们为电话公司制造自动测试设备。

我当时是个 26 岁的年轻程序员，正在为一台嵌入式计测设备开发固件。该设备安装在电话中心机房的机架上，被称为 COLT——中心机房线路测试机（Central Office Line Tester）。

COLT 的处理器是英特尔 8085——一种早期 8 位微处理器。它有 32KB 的固态 RAM 和另外 32KB 的 ROM。ROM 基于英特尔 2708 芯片。2708 的存储容量是 1Kb×8，所以我们使用了 32 个这样的芯片。

这些芯片插入内存板上的插座。每块板子可以容纳 12 个芯片，所以我们用了 3 块板子。

软件用 8085 汇编器编写。源代码保存在一组源文件中，作为整个单元进行编译。编译器输出一个长度小于 32KB 的二进制文件。

我们把这个文件切成 32 个 1KB 的小块。将每个块刻录到一个 ROM 芯片上，然后将其插入 ROM 板的插座。

正如你能想到的那样，必须把正确芯片插到正确电路板上的正确插座。所以我们非常小心地给它们贴上标签。

我们卖出了数以百计的这种设备。它们被安装到全国各地以及，事实上，世界各地的电话中心机房。

那么，你觉得我们在修改那个程序时发生了什么？仅仅是一句话的改变吗？

是的，如果我们增加或删除一行，那么之后的所有子程序地址都会改变。由于这些子程序被代码中较早的其他程序所调用，所以每个芯片都会受影响。我们不得不重新烧制所有的 32 个芯片，即使只改变一行。

这真是一场噩梦。我们不得不将新程序烧进数百套芯片，并将它们运给散布于全球的现场服务代表。然后，这些代表不得不驱车数百英里，前往他们所在地区的每个中心机房。他们必须打开设备，拉出所有内存板，取出全部 32 个旧芯片，插入 32 个新芯片，然后重新插入板子。

我不清楚你是否知道，将芯片取出并插入插座的行为并不完全可靠。芯片上的小针脚往往会弯曲和断裂，令人沮丧无语。因此，可怜的现场服务人员不得不为 32 个芯片中的每一个都准备了大量备件，并不断拆卸和重新插入芯片，忍受不可避免的调试，直到装置正常工作。

有一天，我老板来找我说，我们必须让每个芯片都可独立部署，才能解决这个问题。当然，他没有使用这些词，但这正是他的意图。每个芯片都需要变成可独立编译和部署的单元。这将使我们能够对程序进行修改，而不必重新烧制全部 32 个芯片。事实上，在大多数情况下，我们将能够简单地重新部署单个芯片——容纳修改过的程序的芯片。

我不打算赘述实施细节。我只想说，它涉及矢量表、间接调用，以及将程序分割成不到 1KB 的独立小块。[1]

老板和我谈了一下实施策略，然后他问我需要多长时间才能完成这个任务。

我告诉他，两个星期。

但是我没能在两个星期内完成。我没能在四个星期内完成。我也没能在六个、八个或十个星期内完成。这项工作花了我十二个星期才完成——它比我想象的要复杂得多。

结果我花了六倍于预估的时间。六倍！

幸运的是，我的老板并没有生气。他看到我每天都在做这事。他定期收到我的状态更新。他理解我所处理的问题有多复杂。

但仍然花了六倍时间。我怎么会错得这么离谱？

故事 2：pCCU

然后有那么一次，在 20 世纪 80 年代初，我不得不创造一个奇迹。

我们曾承诺向客户提供一种被称为 CCU-CMU 的新产品。

铜是一种贵金属。它既稀缺又昂贵。电话公司决定停用 19 世纪建设的全国性庞大铜线网络，用携带数字信号的同轴电缆和由光纤组成的低成本高带宽网络取代铜线网络。这就是所谓的数字交换。

CCU-CMU 将完全重新架构我们的计测技术，从而适应电话公司的新数字交换架构。

---

[1] 也就是说，每个芯片成了一个多态对象。

我们在几年前就向电话公司承诺交付 CCU-CMU。我们知道要花一个人年左右的时间来打造这个软件。但是，我们一直没有着手进行。

你懂的。电话公司推迟了部署，所以我们也推迟了开发。总是有很多更紧急的问题要处理。

有一天，我老板把我叫到他办公室，说他们忘了与一个已经安装了早期数字交换机的小客户签过合同。那位客户现在正期待着在下个月用上 CCU-CMU——如之前承诺的那样。

所以我不得不在不到一个月的时间里打造一个人年才能完成的软件。

我告诉老板，这不可能。我不可能在一个月内打造出功能齐全的 CCU-CMU。

然后他看着我，窃笑着说，有办法可以作弊。

那个客户公司规模非常小。公司实际上只安装了最低配置的数字交换机。更重要的是，他们的设备配置恰好——恰好没有 CCU-CMU 所要解决的几乎所有复杂的问题。

长话短说——我在两周内为客户打造并运行了一台特殊用途、独一无二的装置。我们称它为 pCCU。

教训

这两个故事说明，预估跨度可能巨大。一方面，我把修改芯片内置程序的时间低估了 6 倍。另一方面，我们只花了预期时间的二十分之一就找到了 CCU-CMU 的解决方案。

这就是诚实的意义所在。因为，实话说，当事情出错时，它们可能会变得非常、非常糟糕。而当事情变得正确时，它们有时也会变得非常、非常正确。

这使得预估成为一个巨大的挑战。

准确度

现在应该很清楚了，对项目的预估不能只是交付日期。对于可能有 6 倍甚至 20 倍误差的过程而言，一个确定的日期过于精准了。

预估结果不该是日期。预估结果应该是时间范围。预估结果是概率分布。

概率分布有平均值和宽度——有时称为标准差或 sigma。我们需要能够用平均值和 sigma 来表达预估结果。

先看看平均值。

复杂任务的预期平均完成时间是所有子任务的平均完成时间之和。当然这也是递归的。子任务完成时间可以通过将所有子任务的时间相加来估计。这就形成了一棵任务树，通常被称为工作分解结构（Work Breakdown Structure，WBS）。

截至目前，一切安好。然而，问题是，我们并不擅长列出所有的子任务和子任务的子任务，以及子任务的子任务的子任务。一般来说，我们会遗漏一些子任务。就当漏了一半吧。

可以将总和乘以 2 来弥补。或者有时乘以 3。甚至可能更多。

> 柯克：在我们可以再次带她出去之前，还有多少改装时间。
>
> 斯科特：八周，先生。但你没有八周的时间，所以我将在两周内为你完成。
>
> 柯克：斯科特先生，你是否总是将你的维修预估时间乘以 4？
>
> 斯科特：当然，先生！否则我怎么能保持我作为奇迹创造者的声誉呢？[1]

这个 2 倍、3 倍、甚至 4 倍的模糊乘数，听起来像是作弊。其实就是作弊。但是，预估本身也是作弊。

确定做一件事要花多长时间，只有一个真正的方法，那就是去做这件事。其他任何方法都是作弊。

---

[1] *Star Trek II: The Wrath of Khan*, directed by Nicholas Meyer（Paramount Pictures, 1982）。（即派拉蒙 1982 年出品的《星际旅行 II》。柯克是进取号飞船前舰长，斯科特是进取号轮机长。——译者注）

所以，面对现实吧，我们要作弊。我们要做 WBS，然后乘上系数 F，其中 F 取值于 2 到 4 之间——取决于你的信心和生产力。这将给出完成工作的平均时间。

经理们会问你是如何得出预估结果的；你必须告诉他们。当你告诉他们存在"模糊因子"[1]时，他们会要求你花更多时间做WBS，以减少模糊因子的作用。

这极有道理，而且你应该愿意照办。但是，你也应该警告他们，开发完整 WBS 的成本等同于任务本身的成本。而且，事实上，当你开发出完整的 WBS 时，你也已经完成了这项项目。因为，真正列举出所有任务的唯一方法是通过执行你所知道的任务来发现其余的任务——递归式操作。

因此，必须限定估算所花费的时间，并让经理们知道，细化模糊因子代价不菲。

有许多技术可以估量 WBS 树叶上的子任务。你可以使用功能点或其他类似的复杂性测量方法。但我总是发现，最好通过原始的直觉来估量这些任务。

在通常情况下，我通过将任务与已完成的任务进行比较来做到这一点。如果我认为新任务有两倍难度，我就把时间乘以 2。

一旦你估量了所有树叶，只要把整棵树加起来就可以得到项目时间的平均值。

而且不要过分担心依赖性问题。软件是一种有趣的材料。尽管 A 依赖于 B，但 B 往往不一定要在 A 之前完成。

精确度

预估都是错的。这就是为什么我们称它为预估。正确的预估根本就不是预估，而是既成事实。

但是，即使预估有错误，它也可能并非全错。因此，预估工作的一部分是对其错误程度进

---

[1] Fudge Factor，亦称"校正系数"，是指引入到计算、公式或模型中的特定数量或元素。引入该元素后，计算结果能够符合期望值。——译者注

行估量。

我最喜欢的预估错误程度的技巧是，对三个数字进行预估：最好情况、最坏情况和普通情况。

普通情况是在平均出错率条件下，如果事情按照通常的方式发展，任务所花费的时间。把它看成是一种直觉判断。普通情况是你在面对现实时会给出的估计。

按照对普通情况预估的严格定义来评判的话，有50%的预估结果可能会估得太短或者太长。换句话说，有一半机会做出错误预估。

最坏情况是根据墨菲定律做的预估。它假设可能出错的事情都会出错。它非常悲观。实际完成时间有95%的可能落在预估时限之内。换句话说，预估20次，只会有1次估得太短。

最好情况是一切顺利。你每天早上都吃正确的早餐麦片。上班时，同事们都很有礼貌和友好。在现场没有灾难，没有会议，没有电话，没有分散注意力的事发生。

最好情况预估成为现实的机会是5%：1/20。

好的，所以现在我们得到三个数字。最好情况有5%的发生机会。普通情况有50%的发生机会。而最坏情况有95%的发生机会。这代表了一条正态曲线——概率分布。这个概率分布就是你的实际预估结果。

请注意，这不代表具体日期。我们不知道这个日期。我们不知道在什么时候才能真正完成。我们真正拥有的只是一个关于概率的粗略概念。

在没有确定资讯的情况下，概率是唯一合理的预估方式。

如果你的预估结果是一个日期，你实际上是在做承诺，而不是做预估。承诺了，就必须做到。

有时你必须做出承诺。但承诺意味着你必须成功。你决不能承诺不确定自己能完成的日期。这样做非常不诚实。

因此，如果你不知道，也等于知道，能赶上某个日期，那么就不要把这个日期当作预估结果。你要给一个日期范围，提供一系列概率估计的日期范围要靠谱得多。

汇总

好，假设我们有一整个项目中的许多任务，这些任务用最好（B）、普通（N）和最差（W）情况来预估。如何汇总成对整个项目的预估？

我们只需列出每项任务的概率，然后用标准统计方法累计这些概率即可。

首先要做的是用预期完成时间和标准差来表示每个任务。

现在请记住，6个标准差（平均数两边各3个）对应了优于99%的概率。因此，我们要把我们的标准差（sigma）设定为"最差"减去"最好"再除以6。

预期完成时间（mu）比较棘手。请注意，N可能不等于W–B。事实上，中点可能远远超过N。这是因为项目比我们想象的要花更多时间，而不是更少时间。那么，平均来说，这项任务在什么时候能完成？预计完成的时间是多少？

可能最好使用这样的加权平均数：mu =[2N+（B+W）/2]/3。

现在我们已经算出了一组任务的 mu 和 sigma。因此，整个项目的预期完成时间只是所有 mu 的总和。项目的 sigma 是所有 sigma 的平方之和的平方根。

这只是基本的统计数学而已。

上文阐述的是20世纪50年代末为管理北极星舰队弹道导弹项目（Polaris Fleet Ballistic Missile）而发明的估算程序。此后，它被成功用于成千上万个项目中。

它被称为PERT，即计划评估和审查技术（Program Evaluation and Review Technique）。

诚实

因此，我们从诚实开始，谈到了准确性，还谈到了精确性。现在是时候回到诚实的问题上了。

我们在这里讨论的这种预估在本质上是诚实的。它是一种向需要了解的人传达你的不确定性程度的方式。

这很诚实，因为你真确定不了。那些负责管理项目的人必须意识到他们所承担的风险，这样他们就可以管理这些风险。

但人们不喜欢不确定的事。客户和经理几乎肯定会敦促你更加确定。

我们已经谈到了提高确定性所需的成本。真正提高确定性的唯一方法是着手做项目。只有做完整个项目，才能获得完美的确定性。因此，你必须告诉客户和经理的是，提高确定性所需的成本。

然而，有时候，上级可能会要求你用不同的策略来提高确定性。他们可能要求你做出承诺。

你需要认识到这意味着什么。他们试图把风险推给你，从而管住他们的风险。要求你做出承诺，就是要求你承担本来是他们自己该管理的风险。

这并没有什么错。管理人员完全有权这样做。而且在许多情况下，你应该接受。但是——我强调这一点——只有当你确定可以接受时才接受。

如果老板来找你，问你是否能在星期五之前完成某件事，你应该认真考虑这是否合理。如果合理而且有可能做到，尽管答应吧。

但在任何情况下，如果你不确定，就不应该说"好"。

如果你不确定，那么你必须说"不"；然后像前文所述那样，描述你的不确定性。你完全可以说："我不能保证在星期五完成。可能要到下周三才行。"

事实上，你对没有把握的承诺说"不"是绝对关键的。因为如果你说"好"，就会为你、你的老板和其他许多人建立起一条长长的失败多米诺骨牌链。他们会指望你做得到；而你会让他们失望。

因此，当你被要求给出承诺时，如果能做到，就说是。如果做不到，就说不，并说清楚你不确定的地方。

要乐意讨论选项和变通办法。要乐意寻找说"好"的方法。不要急于说"不"。但是，也别害怕说"不"。

你看，你被录用是因为你有能力说"不"。任何人都可以说"好"，但只有拥有技能和知识的人才知道何时以及如何说"不"。

你给组织带来的主要价值之一是你有能力知道何时必须回答"不"。在这些时候说"不"，你将为公司省去无数的痛苦和金钱。

最后一件事。经理们往往会试图劝说你做出承诺——说"好"。请注意这一点。

他们可能会告诉你，团队成员不该说"不"，或者其他人比你有更多承诺。不要被这些套路所迷惑。

愿意与他们合作，找到解决方案；但不要让他们欺负你，让你在知道不该说"好"的时候说"好"。

而且要非常小心"试试"这个词。你的老板可能会说一些有道理的话，比如，"好吧，要不你试试再说？"

这个问题的答案是：

> 不！我已经在努力了。你怎么敢说我没有呢？我已经尽力，而且也不可能再做更多。我的口袋里没有神奇豆，我不能用它来创造奇迹。

你可能不想使用这些字眼，但这正是你应该想到的。

记住这一点。如果你说:"好,我试试。"那么你就是在撒谎。因为你不知道如何才能成功。你没有任何计划来改变你的行为。你说"好",只是为了摆脱经理们的纠缠。而这从根本上来说是不诚实的。

尊重

> 第九誓　如果我的程序员同事拥有足够的操守、标准、纪律和技能,就能赢得我的尊重。任何其他的属性或特征都不会成为我尊重程序员同事的因素。

我们,软件专业人员,接受我们手艺赋予的重任。我们这些勇敢者有男有女,有异性恋,有同性恋,皮肤或黑或棕、或黄或白,有共和党人,有民主党人,有宗教信徒,有无神论者。我们是人类,人类本就形形色色。我们是崇尚相互尊重的社群。

进入我们社群的唯一资格,以及赢得社群每个成员的认可和尊重的资格,是我们的职业技能、纪律、标准和操守。没有其他人类属性值得考虑。不允许因为其他因素彼此歧视。

言尽于此。

永不停止学习

> 第十誓　我将永不停止学习和改进我的技艺。

程序员永远不会停止学习。

我相信你已经听说过,应该每年学习一门新的语言。嗯,你的确应该这么做。优秀程序员应该懂得一打左右的语言。

而且不仅仅是同一语言的十几个分支。不仅仅是 C、C++、Java 和 C#。相反,你应该了解许多不同系列的语言。

你应该懂得静态类型的语言,如 Java 或 C#。你应该懂得 C 或 Pascal 这样的过程式语言。

你应该懂得 Prolog 这样的逻辑式语言。你应该懂得 Forth 这样的堆栈式语言。你应该懂得 Ruby 这样的动态类型语言。你应该懂得 Clojure 或 Haskell 这样的函数式语言。

你还应该了解几个不同的框架，还有几种不同的设计方法，以及几种不同的开发过程。我的意思不是说你该精通所有这些东西，但你应当多多学习，获得较深入的理解。

事实上，你应该学习的东西几乎无穷无尽。几十年来，我们的行业经历了快速变化；而且这种变化可能还会持续一段时间。你必须跟上。

而这意味着你必须持续学习。持续阅读图书和网文。持续观看视频。持续参加会议和用户组。持续选修培训课程。持续学习。

多关注过去留下的珍贵资料。20 世纪 60 年代、70 年代和 80 年代的书是洞见和信息的宝藏。别错以为旧信息过时了。在我们这个行业，很少有真正过时的东西。尊重前辈们的努力和成就，学习他们给出的建议和结论。

也不要错以为雇主有责任培训你。这是你的事业，你必须对它负责。学习是你自己的事。弄清楚该学什么是你自己的事。

如果你有幸为一家愿意买书给你看和送你去参加会议及培训课程的公司工作，那么就充分利用这些机会。如果公司没这些福利，那就自己支付图书、会议和课程的费用。

准备好在这方面花时间。每周安排专门时间。你每周欠你的雇主 35～40 小时。你还欠你的事业发展 10～20 小时。

这就是专业人士的做法。专业人员会投入时间来培养和维护他们的事业。这意味着你每周应该总共工作 50～60 小时。大部分是在工作中，但也有很多时候是在家里。